基于 CLO3D 的纺织非遗创新设计与数字化应用

陈　昌　著

内容提要

本书紧密围绕纺织非遗创新设计及数字化应用，以非遗＋时尚设计理念，运用国际先进的虚拟仿真技术 CLO3D 服装设计软件进行教学，培养读者非遗创新思维能力。书中包含大量实例，图文并茂，对于提升读者对纺织非遗的审美能力、数字化设计能力以及运用软件在电脑上设计、绘制、模拟和修改非遗服饰及配饰的能力，具有非常强的实操性。本书共十章，前三章介绍纺织非遗服饰及创新案例，后七章详细介绍纺织非遗数字化设计，配合大量彩色图片向读者展示纺织非遗的独特魅力。本书将理论与实践相结合，形成了理论教学内容与实际需求紧密衔接的特色。

图书在版编目(CIP)数据

基于CLO3D的纺织非遗创新设计与数字化应用 / 陈昌著. -- 天津 : 天津大学出版社, 2023.9
ISBN 978-7-5618-7609-1

Ⅰ. ①基… Ⅱ. ①陈… Ⅲ. ①纺织－非物质文化遗产－计算机辅助设计－教材 Ⅳ. ①TS105.1-39

中国国家版本馆CIP数据核字(2023)第188419号

JIYU CLO3D DE FANGZHI FEIYI CHUANGXIN SHEJI YU SHUZIHUA YINGYONG

出版发行　天津大学出版社
地　　址　天津市卫津路92号天津大学内（邮编：300072）
电　　话　发行部：022-27403647
网　　址　www.tjupress.com.cn
印　　刷　北京盛通印刷股份有限公司
经　　销　全国各地新华书店
开　　本　787mm×1092mm　1/16
印　　张　11.25
字　　数　281千
版　　次　2023年9月第1版
印　　次　2023年9月第1次
定　　价　65.00元

前　言

“纺织类非物质文化遗产”是我国优秀传统文化中的一部分，其中包含传统刺绣、织造印染、民族服饰等。在经济全球化背景下，世界各国的文化交流逐渐密切，当代中国的文化生态也面临巨大变化，中国的非物质文化遗产正遭受一定程度的轻视与破坏，有的甚至濒临消失。如何完整地保护和弘扬这些非物质文化遗产，使之适应现代社会大环境，并展现出新的生机和活力，是我们当前面对的重要课题。

伴随计算机与互联网技术的飞速发展，信息技术快速渗透到人类社会经济与文化发展的各个领域。信息技术在商务、医疗、教育等领域的广泛应用昭示着信息技术时代的到来。从20世纪90年代开始，信息技术开始应用于非物质文化遗产（又称“非遗”）保护领域。党的二十大报告提出，“加快发展数字经济，促进数字经济和实体经济深度融合”。数字经济和实体经济深度融合发展，在很大程度上表现为数字企业利用数字技术，推动实体经济企业实现数字化转型。中国互联网协会发布的《中国互联网发展报告（2022）》显示，2021年中国数字经济规模达到45.5万亿元，占GDP比重的39.8%。中国式现代化必然包含着数字化转型，服装产业也同样经历着数字化转型。数字化服装设计凭借其高效、便捷以及超仿真的优势，受到了广大设计师的青睐，将这项技术运用到非遗保护中可以将非遗服饰逼真地还原到电脑上实现长期保存，还可以实现高效改款，从而设计出具有创意的新中式服装；而且，依靠互联网，可以实现全方位传播与传承，扩大我国特色鲜明的传统文化影响力，增强我国文化软实力。

本书结合时代发展，以数字化仿真技术活化纺织非遗为手段，通过对纺织非遗的理解与创新设计，提升我国纺织非遗综合性研究能力，切实提高非遗系统性保护水平，发掘创新发展可行路径。在纺织非遗理论研究、设计表现及人才培养、展示交流、创意转化、传承传播等方面，本书能够充分发挥示范和引领作用，为提升纺织类非遗保护和创新研究作出积极贡献。

本书运用国际先进的虚拟仿真技术，将其应用于服装方向本科和研究生课程教学，通过大量实例，图文并茂地教读者运用软件绘制非遗服饰及配饰，具有非常强的实操性，实现了“非遗服饰理论与创新＋数字化仿真设计＋科技创新＋专题实践”的教学模式，不仅推进了数字化仿真技术与服装专业教学的深度融合，也改变了传统的教学模式、教学方法与教学理念。因此，本书有利于优化服装专业人才培养模式，加快我国服装数字化发展进程，契合了智能制造数字化时代的发展。

本书的前三章介绍非遗服饰及创新案例，后七章以国际先进的CLO3D系统为例，重点介绍数字化仿真设计表现方法，同时配合大量彩色图片给读者展示数字化设计的独特魅力；通过将传统与科技、理论与实践相结合，形成了与实际需求紧密衔接的特色。

感谢程钰和袁月老师的支持，她们为本书的出版提供了大量的调研资料和很好的建议，在此付梓之际表示由衷的感谢。

本书通俗易懂，适合作为本科生和研究生的教材，也可供读者自学。由于写作时间仓促，书中难免有不足之处，还请专家、学者提出宝贵意见。

2023年9月

陈　昌

目　录

第一章　纺织类非遗相关理论研究

第一节　非物质文化遗产概述

世界遗产，指被联合国教科文组织和世界文化遗产委员会确认的人类罕见的、目前无法替代的财富，是全人类公认的具有突出意义和普遍价值的文物古迹及自然景观[1]。世界遗产由自然遗产、文化遗产、自然和文化双重遗产、文化景观遗产以及记忆遗产五个部分构成。其中，文化遗产分为物质类和非物质类文化遗产。非物质文化遗产（又称“非遗”）在中文语境中频繁使用源自 2001 年。2001 年，我国参与申报“人类口头和非物质遗产代表作项目”，随后“非物质文化遗产”这一概念被国内熟知。

2003 年，联合国教科文组织颁布《保护非物质文化遗产公约》，在第一章第二条中，非物质文化遗产被定义为“那些被各地人民群众或某些个人，视为其文化财富中重要组成部分的各种社会活动、讲述艺术、表演艺术、生活生产经验、各种手工技艺以及在讲述、表演、实施这些技艺与技能过程中所使用的各种工具、实物、制成品及相关场所”[2]。在国务院办公厅颁布的《关于加强我国非物质文化遗产保护工作的意见》中，非物质文化遗产的定义是“各族人民世代相承、与群众生活密切相关的各种传统文化表现形式和文化空间”[3]。习近平总书记于 2022 年 12 月 12 日对非物质文化遗产保护工作作出重要指示：“要扎实做好非物质文化遗产的系统性保护，更好满足人民日益增长的精神文化需求，推进文化自信自强。要推动中华优秀传统文化创造性转化、创新性发展，不断增强中华民族凝聚力和中华文化影响力，深化文明交流互鉴，讲好中华优秀传统文化故事，推动中华文化更好走向世界。”（习近平：《扎实做好非物质文化遗产的系统性保护 推动中华文化更好走向世界》，《人民日报》2022 年 12 月 13 日，第 1 版。）

非物质文化遗产体现着人类思想、智慧及情感，文化内涵丰富，延续着人类的文化命脉。无论是在国家层面、政府层面，还是个人层面，非遗都是民族个性、民族审美、民族情感、民族精神最生动的体现。中国在国际舞台上属于非遗大国，《中华人民共和国非物质文化遗产法》按范围将非遗分为六大类：一是传统口头文学以及作为其载体的语言（古歌）；二是传统美术、书法、音乐、舞蹈、戏剧、曲艺和杂技；三是传统技艺、医药和历法；四是传统礼仪、节庆等民俗；五是传统体育和游艺；六是其他非物质文化遗产。非遗按种类又可分为两大类：一是传统文化表现形式，如表现艺术、民俗活动、传统知识与技能以及与其相关的手工制品、器皿、实物等；二是文化空间，即定期举办的传统文化活动及其具体展现场所。总体来说，非遗由六个部分构成，如图 1-1 所示。

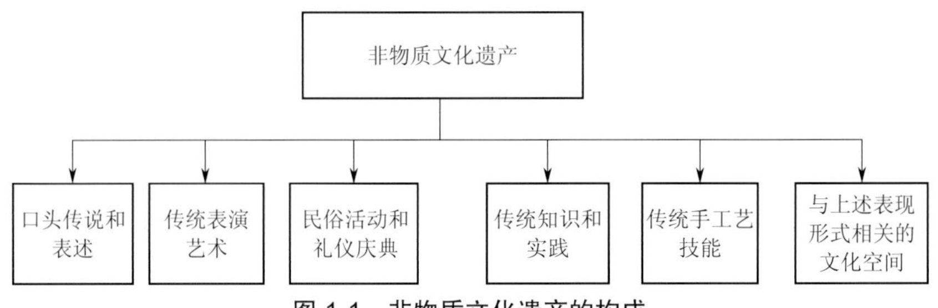

图 1-1　非物质文化遗产的构成

非遗在时间、意识形态、品质及价值上有着相对严格的界定。首先是时间上的界定，应该具有一定的历史背景，是历史流传至今的，扎根于相关社区的文化传统，世代相传，具有鲜明的地方特色；其次是传承形态必须“活化”、原生态，在历史的长河中消逝后经复原的不能称为非遗，需见证中华民族活的文化传统的独特；再次是品质上的界定，应出色地运用传统工艺和技能，体现出高超的水平；最后是价值上的界定，应能展现中华民族文化创造力的杰出价值，具有促进中华民族文化认同、增强社会凝聚力、增进民族团结和社会稳定的作用，是文化交流的重要纽带，对维系中华民族的文化传承具有重要意义，同时有因社会变革或缺乏保护措施而面临消失的危险。

第二节　纺织类非物质文化遗产概述

一、纺织类非物质文化遗产的概念

纺织类非遗体现着中华民族的历史文明，是世界文化遗产的重要组成部分。我国具有较为丰富的纺织类非遗，它们都蕴含着中华民族的思想智慧和文化价值。具有代表性的唐代织锦距今已有 3 000 多年历史。纺织类非遗亟待保护与传承。

据了解，在我国已公布的 1 500 多项国家级非物质文化遗产代表性项目中，纺织类非遗项目多达 200 余项，纺织类国家级代表性传承人有 180 余名。这些纺织类非遗项目均历史悠久、底蕴深厚，是中华优秀传统文化的重要组成部分，它们不仅传承了知识和技艺，更传承了文化和精神，用丰富多彩的文化内涵和表达方式，为人们提供了文化认同、身份认同和情感持续，至今仍散发出永恒的魅力。特别是近年来，扎染、蜡染、香云纱等越来越多的纺织类非遗产品为人所熟知，纺织类非遗的影响力也逐年提升。近年来，纺织类非遗融入现代生活与消费渐成风尚。但与此同时，我国不少纺织类非遗资源集中在西部地区，受地理位置和交通影响，流通半径较小。目前，在我国国家级纺织类非遗项目中，70% 位于中西部地区。近年来，中国纺织工业联合会不断推动纺织类非遗传承保护与创新工作，通过推动纺织类非遗市场化、产业化发展，促进纺织传统工艺振兴，多项举措相继落地。中国纺织工业联合会发布了《“十四五”纺织非物质文化遗产工作行业性指导意见》，对“十四五”时期纺织类非遗事业发展作出总体部署，并提出发展目标：到 2025 年，在保护与利用纺织非遗代表性项目资源基础上，逐步建立健全传承、创新与发展链条体系，初步彰显纺织非遗助力乡村振兴与美化生活的文化价值与经济价值，服务国家相关重大战略作用开始显现；依靠产业化、市场化和行业服务与传播平台，让纺织非遗时尚化、功能化形态深入生活，让百姓有认同感、获得感和幸福感，发挥纺织非遗服务人民美好生活的积极作用。对于"十四五"时期纺织类非遗事业发展重点任务，中国纺织工业联合会提出将建立纺织类非遗资源信息库，推进纺织类非遗基础性研究，加大非遗产品研发投入，应用科技和资本推动纺织类非遗发展、健全非遗传承发展创新链条，加快纺织类非遗人才培养，提高产业化市场化发展水平，推动纺织非遗跨界融合发展，构建纺织类非遗品牌体系、完善非遗发展行业支撑系统。

目前，我国共有 3 个项目入选联合国教科文组织纺织类非遗名录，见表 1-1。

表 1-1　中国入选联合国教科文组织纺织类非物质文化遗产名录

序号	项目名称	列入年份	类型	所属地区
1	黎族传统纺染织绣技艺	2009	急需保护的非物质文化遗产名录	海南
2	南京云锦织造技艺	2006	人类非物质文化遗产代表作名录	江苏
3	中国传统桑蚕丝织技艺	2009	人类非物质文化遗产代表作名录	浙江、江苏、四川

二、中国纺织类非物质文化遗产的批次及种类

集中有限的资源，确认保护对象，建立非物质文化遗产代表性项目名录，对能够弘扬中华民族优秀传统文化，具有历史、文学、艺术、科学价值的非物质文化遗产项目进行重点保护，是非物质文化遗产保护的重要基础性工作之一。建立国家级非物质文化遗产名录，是我国履行《保护非物质文化遗产公约》缔约国义务的必要举措。《中华人民共和国非物质文化遗产法》明确规定："国家对非物质文化遗产采取认定、记录、建档等措施予以保存，对体现中华优秀传统文化，具有历史、文学、艺术、科学价值的非物质文化遗产采取传承、传播等措施予以保护。""国务院建立国家级非物质文化遗产代表性项目名录，将体现中华优秀传统文化，具有重大历史、文学、艺术、科学价值的非物质文化遗产项目列入名录予以保护。"

国务院先后于 2006 年、2008 年、2011 年、2014 年和 2021 公布了五批国家级非物质文化遗产代表性项目名录，见表 1-2，其中 2006 年、2008 年、2011 年的名录名称为《国家级非物质文化遗产名录》。《中华人民共和国非物质文化遗产法》实施后，该名称改为《国家级非物质文化遗产代表性项目名录》，共含 1 557 个国家级非物质文化遗产代表性项目。自 2008 年以来，我国又设立了项目扩展名录，截至 2021 年共含 3 610 个子项。

表 1-2　中国（2006—2021 年）纺织类非遗五大批次种类表

公布批次	列入年份	传统美术类	传统技艺类	民俗类
第一批	2006	11	14	5
第二批	2008	13	12	11
第三批	2011	6	2	1
第四批	2014	3	0	6
第五批	2021	10	5	2

该国家级名录将非物质文化遗产分为十大门类，其中五个门类的名称在 2008 年有所调整，并沿用至今。十大门类分别为：民间文学，传统音乐，传统舞蹈，传统戏剧，曲艺，传统体

育、游艺与杂技，传统美术，传统技艺，传统医药，民俗。纺织类非遗可以划归为传统美术、传统技艺、民俗三大类，其中传统美术类是以苏绣、顾绣、蜀绣等为代表的刺绣技艺，传统技艺是以缂丝、宋锦、扎染等为代表的织造技艺，民俗是以藏族、苗族、维吾尔族等民族服饰为代表的少数民族服饰。每个代表性项目都有专属的项目编号，其中罗马数字表示项目门类，阿拉伯数字表示序号，如传统美术类国家级项目“苏绣”的项目编号为“Ⅶ-18”。

（一）中国纺织类非物质文化遗产——传统美术类

在中国纺织类非遗中，传统美术类（2006—2021 年）含共五大批次 43 种，见表 1-3。其中：第一批 11 种，分别是藏族唐卡、顾绣、苏绣、湘绣、粤绣、蜀绣、苗绣、水族马尾绣、土族盘绣、挑花、庆阳香包绣制；第二批 13 种，分别是堆棉、湟中堆绣、瓯绣、汴绣、汉绣、羌族刺绣、民间绣活、彝族刺绣、维吾尔族刺绣、满族刺绣、蒙古族刺绣、柯尔克孜族刺绣、哈萨克族毡绣和布绣；第三批 6 种，分别是上海绒绣，宁波金银彩绣，瑶族刺绣，藏族编织、挑花刺绣工艺，侗族刺绣，锡伯族刺绣；第四批 3 种，分别是京绣、布糊画、抽纱；第五批 10 种，分别是蒙古族唐卡、烙画、毛绣、发绣、厦门珠绣、鲁绣、彝族刺绣、布依族刺绣、藏族刺绣、哈萨克族刺绣。

表 1-3　中国纺织类非遗（2006—2021 年）传统美术类

批次	序号	编号	名称	申报地区
第一批	1	Ⅶ-14	藏族唐卡	西藏、甘肃、四川、青海
	2	Ⅶ-17	顾绣	上海
	3	Ⅶ-18	苏绣	江苏
	4	Ⅶ-19	湘绣	湖南
	5	Ⅶ-20	粤绣	广东
	6	Ⅶ-21	蜀绣	四川、重庆
	7	Ⅶ-22	苗绣	贵州、湖南
	8	Ⅶ-23	水族马尾绣	贵州
	9	Ⅶ-24	土族盘绣	青海
	10	Ⅶ-25	挑花	湖北、湖南、安徽、重庆
	11	Ⅶ-26	庆阳香包绣制	甘肃
第二批	1	Ⅶ-71	堆棉	山西
	2	Ⅶ-72	湟中堆绣	青海
	3	Ⅶ-73	瓯绣	浙江
	4	Ⅶ-74	汴绣	河南
	5	Ⅶ-75	汉绣	湖北
	6	Ⅶ-76	羌族刺绣	四川
	7	Ⅶ-77	民间绣活	山西、四川、陕西、湖北、江西、宁夏
	8	Ⅶ-78	彝族刺绣	云南
	9	Ⅶ-79	维吾尔族刺绣	新疆
	10	Ⅶ-80	满族刺绣	辽宁、吉林、黑龙江
	11	Ⅶ-81	蒙古族刺绣	新疆、内蒙古
	12	Ⅶ-82	柯尔克孜族刺绣	新疆
	13	Ⅶ-83	哈萨克族毡绣和布绣	新疆

续表

批次	序号	编号	名称	申报地区
第三批	1	Ⅶ-103	上海绒绣	上海
	2	Ⅶ-104	宁波金银彩绣	浙江
	3	Ⅶ-105	瑶族刺绣	广东
	4	Ⅶ-106	藏族编织、挑花刺绣工艺	四川
	5	Ⅶ-107	侗族刺绣	贵州
	6	Ⅶ-108	锡伯族刺绣	新疆
第四批	1	Ⅶ-110	京绣	北京、河北
	2	Ⅶ-111	布糊画	河北
	3	Ⅶ-112	抽纱	广东
第五批	1	Ⅶ-124	蒙古族唐卡	内蒙古
	2	Ⅶ-125	烙画	河南
	3	Ⅶ-126	毛绣	内蒙古
	4	Ⅶ-127	发绣	江苏、浙江
	5	Ⅶ-128	厦门珠绣	福建
	6	Ⅶ-129	鲁绣	山东
	7	Ⅶ-130	彝族刺绣	四川
	8	Ⅶ-131	布依族刺绣	贵州
	9	Ⅶ-132	藏族刺绣	青海
	10	Ⅶ-133	哈萨克族刺绣	新疆

（二）中国纺织类非物质文化遗产——传统技艺类

在中国纺织类非遗中，传统技艺类（2006—2021 年）含共五大批次共 33 种，见表 1-4。第一批 14 种，分别是南京云锦木机妆花手工制造技艺，宋锦织造技艺，苏州缂丝织造技艺，蜀锦织造技艺，乌泥泾手工棉纺织技艺，土家族织锦技艺，黎族传统纺染织绣技艺，壮族织锦技艺，藏族邦典、卡垫织造技艺，加牙藏族织毯技艺，维吾尔族花毡、印花布织染技艺，南通蓝印花布印染技艺，苗族蜡染技艺，白族扎染技艺；第二批 12 种，分别是蚕丝织造技艺、传统棉纺织技艺、毛纺织及擀制技艺、夏布织造技艺、鲁锦织造技艺、侗锦织造技艺、苗族织锦技艺、傣族织锦技艺、香云纱染整技艺、枫香印染技艺、新疆维吾尔族艾德莱丝绸织染技艺、地毯织造技艺；第三批 2 种，分别是蓝夹缬技艺、中式服装制作技艺；第五批 5 种，分别是缂丝织造技艺、花边制作技艺、彩带编织技艺、丝绸染织技艺、佤族织锦技艺。

表 1-4　中国纺织类非遗(2006—2021 年)传统技艺类

批次	序号	编号	名称	申报地区
第一批	1	Ⅷ-13	南京云锦木机妆花手工制造技艺	江苏
	2	Ⅷ-14	宋锦织造技艺	江苏
	3	Ⅷ-15	苏州缂丝织造技艺	江苏
	4	Ⅷ-16	蜀锦织造技艺	四川
	5	Ⅷ-17	乌泥泾手工棉纺织技艺	上海
	6	Ⅷ-18	土家族织锦技艺	湖南
	7	Ⅷ-19	黎族传统纺染织绣技艺	海南
	8	Ⅷ-20	壮族织锦技艺	广西
	9	Ⅷ-21	藏族邦典、卡垫织造技艺	西藏
	10	Ⅷ-22	加牙藏族织毯技艺	青海
	11	Ⅷ-23	维吾尔族花毡、印花布织染技艺	新疆
	12	Ⅷ-24	南通蓝印花布印染技艺	江苏、湖南、浙江
	13	Ⅷ-25	苗族蜡染技艺	贵州
	14	Ⅷ-26	白族扎染技艺	云南
第二批	1	Ⅷ-99	蚕丝织造技艺	浙江、山西
	2	Ⅷ-100	传统棉纺织技艺	河北、新疆、江苏、浙江、四川、山西、湖北
	3	Ⅷ-101	毛纺织及擀制技艺	四川、甘肃、新疆、西藏
	4	Ⅷ-102	夏布织造技艺	江西、重庆
	5	Ⅷ-103	鲁锦织造技艺	山东
	6	Ⅷ-104	侗锦织造技艺	湖南
	7	Ⅷ-105	苗族织锦技艺	贵州
	8	Ⅷ-106	傣族织锦技艺	云南
	9	Ⅷ-107	香云纱染整技艺	广东
	10	Ⅷ-108	枫香印染技艺	贵州
	11	Ⅷ-109	新疆维吾尔族艾德莱丝绸织染技艺	新疆
	12	Ⅷ-110	地毯织造技艺	北京、内蒙古、新疆、四川、甘肃、江苏、宁夏
第三批	1	Ⅷ-192	蓝夹缬技艺	浙江
	2	Ⅷ-193	中式服装制作技艺	上海、浙江、吉林
第五批	1	Ⅷ-245	缂丝织造技艺	河北
	2	Ⅷ-246	花边制作技艺	浙江
	3	Ⅷ-247	彩带编织技艺	浙江
	4	Ⅷ-248	丝绸染织技艺	山东
	5	Ⅷ-249	佤族织锦技艺	云南

（三）中国纺织类非物质文化遗产——民俗类

中国纺织类非遗中民俗类（2006—2021 年）含共五大批次 25 种，均为民族服饰，见表 1-5。第一批 5 种，分别是苏州角直水乡妇女服饰、惠安女服饰、苗族服饰、回族服饰、瑶族服饰；第二批 11 种，分别是蒙古族服饰、朝鲜族服饰、畲族服饰、黎族服饰、珞巴族服饰、藏族服饰、裕固族服饰、土族服饰、撒拉族服饰、维吾尔族服饰、哈萨克族服饰；第三批 1 种，入选的是塔吉克族服饰；第四批 6 种，分别是达斡尔族服饰、鄂温克族服饰、彝族服饰、布依族服饰、侗族服饰、柯尔克孜族服饰；第五批 2 种，分别是传统服饰（赣南客家服饰）和傣族服饰（花腰傣服饰）。

表 1-5　中国纺织类非遗（2006—2021 年）民俗类

批次	序号	编号	名称	申报地区
第一批	1	Ⅹ-63	苏州角直水乡妇女服饰	江苏
	2	Ⅹ-64	惠安女服饰	福建
	3	Ⅹ-65	苗族服饰	云南、湖南、贵州
	4	Ⅹ-66	回族服饰	宁夏
	5	Ⅹ-67	瑶族服饰	广西
第二批	1	Ⅹ-108	蒙古族服饰	内蒙古、甘肃、新疆、青海
	2	Ⅹ-109	朝鲜族服饰	吉林
	3	Ⅹ-110	畲族服饰	福建
	4	Ⅹ-111	黎族服饰	海南
	5	Ⅹ-112	珞巴族服饰	西藏
	6	Ⅹ-113	藏族服饰	西藏、青海
	7	Ⅹ-114	裕固族服饰	甘肃
	8	Ⅹ-115	土族服饰	青海
	9	Ⅹ-116	撒拉族服饰	青海
	10	Ⅹ-117	维吾尔族服饰	新疆
	11	Ⅹ-118	哈萨克族服饰	新疆
第三批	1	Ⅹ-144	塔吉克族服饰	新疆
第四批	1	Ⅹ-154	达斡尔族服饰	内蒙古
	2	Ⅹ-155	鄂温克族服饰	内蒙古
	3	Ⅹ-156	彝族服饰	四川、云南
	4	Ⅹ-157	布依族服饰	贵州
	5	Ⅹ-158	侗族服饰	贵州
	6	Ⅹ-159	柯尔克孜族服饰	新疆
第五批	1	Ⅹ-182	传统服饰（赣南客家服饰）	江西
	2	Ⅹ-183	傣族服饰（花腰傣服饰）	云南

随着社会经济的发展与变革，人们的生活习惯和生活方式不断受到影响，生活条件逐步

改善，较多延续千年的纺织技术、制作工具被现代机械织造所取代，天然的纺织品逐步退出市场，纺织类非遗正在减少甚至消失。

第三节　纺织类非物质文化遗产的特征

中国纺织类非物质文化遗产是在特定的历史文化条件下形成的，具有独特的艺术风格、审美价值、技艺特征及民间、民族风情符号。这些风格迥异、意蕴深厚的传统民间艺术珍品深刻体现着中华民族传统文化由古至今一脉相承的以人为核心的生活生产经验和人文精神，是中华民族传统文化的重要组成部分，是人类文明的瑰宝。正因具有深厚的文化底蕴，纺织类非遗才能生生不息、世代相传，表现出极强的生命力，人们喜闻乐见，研究者认定其为宝贵的文化遗产。

纺织类非物质文化遗产具有内在精髓的非物质性、载体的物质性、文化根源的独特性、传承的活态性与流变性。对纺织类非遗特征的考察，是科学保护的前提。纺织类非遗底蕴深厚、品类丰富，涵盖多项国家已经公布的非遗传统手工技艺，涉及门类多、覆盖面广。其中，纺、染、织、绣等传统手工技艺和多种民族服饰，具有鲜明的地域特色。

一、内在精髓的非物质性

纺织类非物质文化遗产的根本特点是它的内在精髓没有固定物化的形态，即是它的内在精髓具有非物质性。非物质性对应满足人们的精神生活需求为目的的精神生产，它是纺织类非物质文化遗产的精神内核。所谓非物质性，并不是与物质绝缘，而是指偏重于以非物质形态存在的精神领域的创造活动及其结晶。例如，染织神话与社会实践、礼仪、节庆活动表达了人们对染织发明者的崇敬，尽管对染织发明者的崇敬之情可能表现在文献和建筑等物质实体之上，但崇敬之情的内在精髓是非物质的，它是一种感激，物质实体只不过是激发人类情感的工具而已。元代松江妇人黄道婆从黎族同胞处学会了整道棉布染织技术，三十余年后思乡归根，返转故里，将先进的棉布染织技艺毫无保留地向乡邻街坊无偿传授，并在家乡松江大力推广；同时，她又对纺织器械和技术进行革新，大大提高了效率，家乡人民因此得福致富，松江亦成为元明时期的织造中心，有“衣被天下”之美名，并渐渐泽惠江南。元明清三代，江南与长三角百姓感其恩德，纷纷择地建庙立祠纪念她，仅松江及上海老城就建有黄母祠、黄婆庙、先棉祠、布匹庙等数十处。而元代以来的江南织造人家多有将黄道婆造像供奉在神龛中顶礼祭拜的风习，感激之情溢于建筑、礼仪和节庆活动。又如，蜀锦、宋锦、云锦是中国三大名锦，其传统手工技艺是织匠的一种技能，只有在织造过程中才得以展现。通过分析只能窥其织物特色，并不能看到传统染织手工技艺的流程。 很多时候，人们将织物类非遗的特色误解为传统染织手工技艺，这是忽视纺织类非物质文化遗产内在精髓的非物质性的结果。

二、载体的物质性

纺织类非物质文化遗产载体的物质性，显然是指其依附于“物质的因素”。而这种依附不是连带，“物质”成为纺织类非物质文化遗产甚至整个非物质文化遗产流传过程中的结构内核。纺织类非物质文化遗产的呈现和展示，大多依赖于物化形态的“道具”，不可能只依赖纯粹的稍纵即逝的行为和声音。因此，在把握和认识纺织类非物质文化遗产的时候，不能对其“物质”因素视而不见。实际上，纺织类非物质文化遗产甚至整个非物质文化遗产都是在塑造或重构某一物质的形态。时下，各地兴起的对非物质文化遗产的抢救工作，毋庸讳言，在一定程度上也属于事物化或固化的处理。例如，宋锦织造技艺、南京云锦木机妆花手工织造技艺、南通蓝印花布印染技艺、乌泥泾手工棉纺织技艺、苏州缂丝织造技艺等第一批国家级纺织类非物质文化遗产，其内在精髓都是非物质性的，但是其载体都是物质性的。这些传统技艺以木制织机等工具和各式各样的织物作为手工技艺的物质表现形式，也只有通过这些载体才能证明这些传统技艺的存在。纺织类传统技艺的核心是创造性和个性化的手工制作，具有工业化生产无可替代的特性。随着经济社会发展水平的提高，追求个性化和产品品质正在成为现代社会普遍的生活方式和消费方式。纺织类传统技艺也正在从满足人们的上述需求，转变为以提高生活品质为目标。

三、文化根源的独特性

纺织类非物质文化遗产是作为文化的表达形式而存在的，体现了特定国家、民族或地域内人类的独特创造力，或表现为物质的成果，或表现为具体的行为方式、礼仪、习俗。这些都体现了各自的民族性、区域性、唯一性和不可再生性。它们间接体现出的思想、情感、意识、价值观也都具有独特性，是难以模仿和再生的。笔者将从国家级纺织类非物质文化遗产的文化根源独特性中衍生出来的民族性、区域性列表，可知任何民族的纺织类非物质文化遗产都有独特的传统因素、某种文化基因和民族记忆，这是一个民族赖以存在和发展的动力。纺织类非物质文化遗产承载着丰富的、独特的民族记忆，而这种记忆又是容易被忽视和遗忘的，极容易在不知不觉中消失。因而，保护纺织类非物质文化遗产也是保护独特的文化基因、文化传统和民族记忆的一种手段。

四、传承的活态性与流变性

纺织类非物质文化遗产的传承包括两个特性。第一个特性是传承的活态性，即非遗的传承过程既是沉淀的过程，又是创新的过程。纺织类非物质文化遗产的传承，是民众对其文化的自我选择，也是民众对其文明的自主抉择，任何外力的干涉都是徒劳的。因此，纺织类非物质文化遗产的传承，在传递中增添了新的因素和成分，这其中包括发明、创新、扬弃和吸收（异文化因素）。纺织类非物质文化遗产重视人的价值，重视活的、动态的、精神的因素，重视技术和技能的高超、精湛和独特性，重视人的创造力以及通过文化遗产反映出来的该民族的情感及表达方式，重视传统文化的根源、智慧、思维方式、世界观、价值观和审美观等这些有意义和价值的因素。纺织类非物质文化遗产尽管有物质因素和物质载体，但其价值并不主要通过物质形态体现出来，而主要通过人的行为活动体现出来，有的需要借助人的表演行为才能展示出来，有的需要通过人的某种高超、精湛的技艺才能创造和传承下来。纺织类非物质文化遗产的表现、传承都需要语言和行为，都是动态的过程即传承的活态性。

第二个特性是传承的流变性。纺织类非物质文化遗产的变迁强调其文化在社会变革过程中的自我调节能力和适应能力，是一个不以人的意志为转移的过程，无论人们愿意与否，其文化变迁一定会发生，只是速度快慢而已。促使其文化变迁的原因，一是内部的，由于社会内部的变化而引起；二是外部的，由自然环境的变化及社会文化环境的变化，如迁徙、与其他民族的接触、政治制度的变革等而引起。例如，我国在先秦时期盛行几何形纹样装饰，这是受到当时生产条件、生产技术的限制，以及先秦人们对几何纹样的偏爱决定的。汉代织物以云气纹为主，主要由于汉人崇尚黄老之术，神仙思想的盛行使人们对死后也产生极度的希望与幻想，成神为仙已成为汉人共同的向往。盛唐时期的纺织物显示出波斯萨珊王朝的装饰风格，当时盛行的“联珠团巢纹”，即为典型的萨珊波斯形式。这与盛唐时期政治稳定、国力强盛、对外贸易繁荣休戚相关。元代以后，历代统治者劝民植棉，棉纺织生产日渐盛行，棉纺织文化盛行。

纺织类非物质文化遗产是随时间变迁而容易消失的文化符号，它表征着不同民族、群体、地域优秀的人类文化传统，对于维护人类文化的多样性，对于充分发挥世界各国、各民族人民的想象力，对于人类社会可持续发展，以及人类的相互沟通、相互了解、相互团结协作等具有重要的意义。纺织类非物质文化遗产是人类的特殊遗产，它的特殊性既表现在其内在规定性（概念）上，又表现在其外部形态（特征）上。学术之争主要是概念和特征之争，对概念的研究会决定特征的阐述，反过来对特征的概括又影响概念的重新定义。从文化的大维度上研究纺织类非物质文化遗产的概念和特征，可以明显发现纺织类非物质文化遗产的概念与其特征之间是“你中有我、我中有你”的关系，任何割裂两者进行研究都是不可取的。

纺织类非遗遍布各民族地区，其生产形式灵活多样，对于促进就业、提高城乡居民收入、建设具有传统文化底蕴的美丽乡村和特色小镇具有重要作用。纺织类非遗与大众生活具有天然融合性，纺织传统技艺涵盖衣食住行。我国目前大力倡导传统技艺，让非遗走进现实生活，纺织非遗本身就是通过家用纺织品、服饰来呈现的，与人们的日常生活密切相关。因此，纺织类非遗具有走进、融入现代生活的天然优势，环保且拓展性强。纺织传统技艺大部分采用天然原料、植物染料进行加工制作，制作过程绿色环保，符合绿色发展理念。同时，纺织类非遗具有很强的拓展性和衍生性，适合开发不同层次、不同系列、符合市场需求的产品和相关衍生产品，这决定了纺织类非遗产品在市场经济环境中具有较好的生存与发展能力。

第二章 代表性纺织非遗

第一节 刺绣类

刺绣又称为“绣花”“扎花”“洒花”等。四大名绣分别是:江苏的“苏绣”,以苏州吴县(今苏州市南部地区)为核心;湖南的“湘绣”,以长沙为核心;四川的“蜀绣”,以成都为核心;广东的“粤绣”,以广州为核心。自古以来,这四个地方都是鱼米之乡,丝绸质量极高。清朝曾是丝绸织机和主要的刺绣产品出口国,绣品精致,绣技精湛,苏、湘、蜀、粤绣被称为中国“四大名绣”。

一、苏绣

苏绣是我国“四大名绣”之首,是江苏苏州地区的一种“吴地刺绣”,1996 年被列为国家级非物质文化遗产。

苏绣距今已有 2 000 余年的历史,三国时代便有苏绣的生产记录,当时的吴国人就已经把苏绣应用到服装上。苏绣在宋代已达较高水平;到了明朝,绘画艺术进一步推动刺绣艺术的发展[4]。苏绣匠人(绣师)将画家画作进行二次创作,所绣出来的作品栩栩如生,将其中的墨韵表现得淋漓尽致。绣师手上的针线就像是画家的墨水丹青,不仅能够绣出一幅精致而又绚丽的图案,还能将绣师的技艺和个性表现出来,将画和绣巧妙融合。在宋代,苏绣在针法、色彩、花纹等方面都有了自己的特色。到了清代,皇家用到的绣品,大部分以苏绣为主。清代前期繁荣的社会大环境,促进了苏绣技术的进一步发展,并形成了“双面绣”的精致图案,使苏绣的刺绣艺术达到了巅峰,该时期的相关商业活动也达到了一个相当成熟的程度。

苏绣经过 2 000 多年的发展,目前大约有 40 种绣法。以平针绣为代表的苏绣,图案美观、构思精巧、绣工精细、针法灵动、色彩淡雅;绣法的特点是“平”“顺”“雅”“洁”“亮”“匀”“和”“齐”“细”。“平”指的是绣面平整,“顺”指的是丝线流畅,“雅”指的是文风高雅;“洁”指的是画面干净、整齐;“亮”指的是色彩鲜明;“匀”指的是线条细腻、疏密有序;“和”指的是颜色搭配得恰到好处;“齐”指的是纹路边沿整齐;“细”指的是用针和缝合的技巧水平高[5]。苏绣的品种很多,可以将其分为日常用品、戏服和屏风三大类,装饰性和实用性并重,使其更具艺术价值。苏绣的主题丰富,不论是山水、花鸟、动物,还是人物,以精湛的苏绣技艺,均可刻画得惟妙惟肖。典型苏绣作品如图 2-1 至图 2-5 所示。

图 2-1 苏绣局部 1(邹英姿作品)

图 2-2 苏绣局部 2(邹英姿作品)

图 2-3 苏绣局部 3(邹英姿作品)

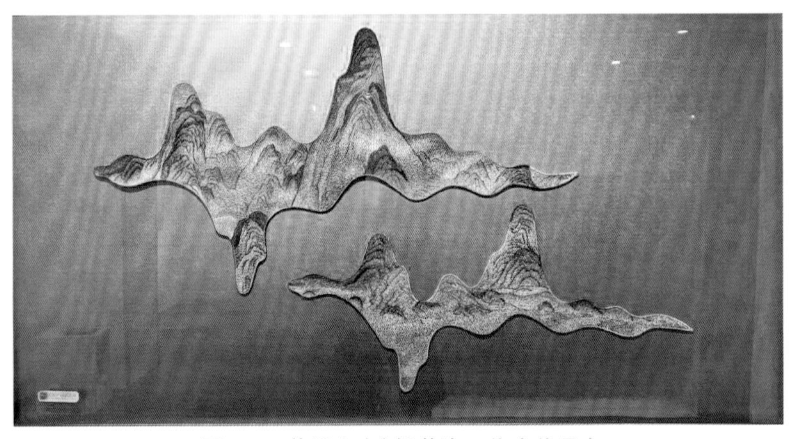

图 2-4 苏绣山水(邹英姿工作室作品)

图 2-5 苏绣摆台

二、粤绣

粤绣是“广府丝绒绣”（广府绣）与“潮汕金银绣”（潮绣）的统称，广州、南海、顺德、中山、番禺等地的刺绣品称为“广府绣”，而潮州、汕头、普宁、揭阳等地的刺绣品称为“潮绣”。

粤绣发源于唐代，距今已有千年之久，唐永贞二年（806 年），广东南海县（今广州南海区）有一名叫卢眉娘的姑娘，用一尺长的丝布，将《法华经》共七卷，织成一幅精美的图画。唐玄宗年间，岭南节度使张九皋因向杨贵妃献上精美的绣品，被提升为正三品官，足见粤绣在当时上层社会中的地位有多高。明代，广东的对外贸易十分繁荣，明正德九年（1514 年），一位葡萄牙商人从广州买回了一件皇袍的绣片，并进献给其国王，粤绣因此而闻名世界。清朝初期，英国人将服装运至广州绣坊，此后，广绣以显著的方式吸取了西方绘画的艺术精华，并以较高的商品性、实用性快速发展起来，并与其他地方建立了较大的联系。清中叶，由于粤剧、粤曲的兴盛，服装的需求量很大，因此，广绣又增添了一种新的服装类型，即粤剧服装。那时，广州“状元坊”的服装在全国都很有名，甚至有宫廷剧团慕名前来订制，“状元坊”里到处都是做粤剧服装的绣坊，形成了一条有名的“刺绣街”[6]。

粤绣的构图丰富，繁复而不凌乱，花纹整齐，富于夸张，颜色鲜艳，反差大，刺绣方法多种多样，富于变化。粤绣的一大特色，就是能表现出层次分明、协调一致的图案，这就是人们常说的“留水路”。所谓“水路”，是指在相邻两个绣花区域中，起针与落针点间相隔 0.1~0.5 mm，使绣面上出现一条空白线。留水路的工艺，要求绣人起针、落针“步调一致，纹路清晰，处处可见针，针针齐整”，达到一种专注、耐心、静心的境界。花朵的每一片花瓣，鸟儿的羽毛，都能清楚而均匀地排列在“水路”上，能让图案更为显眼[7]。

文化是民间风俗的一种体现，广东人做每一件事情都讲究一个意思，做每一件事情都有一个含义。因此，在选择素材的时候，大多选择了龙、凤、花、鸟。这些图案的结构非常丰富，颜色反差很大，十分壮观。典型粤绣作品如图 2-6 和图 2-7 所示。

图 2-6　粤绣作品 1

图 2-7　粤绣作品 2

三、湘绣

湘绣是一种具有独特湘、楚文化特征的刺绣品类，也是一种具有 2 000 多年历史的刺绣品类，主要分布在以长沙为中心的区域。

深厚的文化底蕴、鲜明的区域特征，使湘绣在民间得到了快速发展，并吸收了苏粤两大绣种的精髓，从而形成了自己独有的风格。目前，已知我国最早的湘绣是从长沙马王堆 1 号墓中出土的一件汉代丝绸品，其针法为最早的锁线方法，预示着湘绣在 2 000 多年前已有了一定的发展。

湘绣针法的特点是“掺针”。“掺针”又叫“乱插针”，类似于苏绣的乱针绣。它既能显示物体的三维形状，又能显示物体的晕染效果。其中包括了“接参针”“扭参针”“直参针”“横参针”和“毛针”。

湘绣与其特殊的针法相结合，并以中国画为纹样，将针法的表现力发挥到了极致，从而达到了结构严谨、形象逼真、色彩鲜明、质感强烈、形神兼备的艺术境界。典型的湘绣作品如图 2-8 所示。

图 2-8　湘绣作品

四、蜀绣

蜀绣又称为“川绣”，是一个统称，主要集中在四川成都。蜀绣自两千多年前发展而来，自两汉以来，便享有盛誉。汉朝更是在成都设立“锦官”，负责蜀锦、刺绣、织造等方面的事务。在唐朝后期，由于人们对蜀绣品质的要求越来越高，使蜀绣得到了很大的发展。到了宋代，蜀绣的名声已经传遍了整个神州，其刺绣工艺、产量和质量均可与苏绣媲美。到了清中叶，蜀绣已逐步成为一种商品性的绣品，并向国外出口。从晚清到民国初期，蜀绣已经享誉世界[8]。

四川是天府之国，自古以来就有丝绸工业，而蜀绣又以柔软的绸缎和上等的彩色丝绸为主，使其在手工方面得到了很大的发展。但由于其发源于川西地区，经过漫长的发展，受地域环境、风俗习惯、文化艺术等因素的影响，已逐步形成了一种严谨细致、光洁平整、构图疏朗、浑厚圆润、色彩鲜艳的独特风格。蜀绣的题材大部分是花鸟、走兽、虫鱼和人物等；针法也有 12 种之多，常见的针法有晕针、铺针、滚针、截针、掺针、沙针、盖针等，要求针脚整齐、线片光亮、紧密柔和。典型蜀绣作品如图 2-9 至图 2-11 所示。

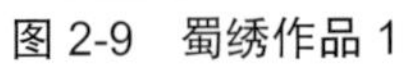

图 2-9 蜀绣作品 1

图 2-10 蜀绣作品 2

图 2-11 蜀绣《四姑娘山》

第二节　织造印染类

中国最早发明了养蚕、织丝绸、纺织、印染等技术，对丰富和创新人类物质文化作出了重大贡献。很早以前，我国的织造印染类产品，无论是在技术手段上，还是在纹样造型上，以及在形态色彩上，都已经达到了比较成熟和完善的程度。印染也被称为染缬，包括扎染、蜡染、夹缬、并染等，以及后来出现的民间蓝印花布（纸板印染）等印染方式，都属于防染手工印花工艺[9]。用防染手工印花工艺制作的服装、头巾、被面、布袋、布帘，均带有浓郁的乡土色彩，因为其工具和原料都比较简单，容易用手进行，所以在民间流传很广，并带有很强的民族特色。

我国民间印染历史悠久，是一种在多种纤维织物上以物理或化学的方式进行染色和印花的工艺技术。自汉代起，我国就有了染缬这一古老的工艺，并有了多种不同的防染方法。"缬"是中国古代一种染法的总称，它是以植物染料为基础的一种染法，它代表了中国印染技术的一种革新和发展。在中国传统文化中，有多种以植物为染料的染缬工艺，将植物染料和染缬工艺结合起来，就能形成色彩斑斓的图案，达到美化服装的目的。与单一的植物染料染色相比，缬染工艺可以产生各种图案，如蜡染、绞染、夹染、饼染等。蜡染，又叫"蜡额头"，是指用蜡质作为防染颜料，然后去蜡，就能产生漂亮的纹路。扎染，在现代被称为"绞缬"，是一种简单而变化多端的染色工艺。绞缬使用针、绳等工具，在染色之前，将织物绑缚或抽缝扎结，再放入染料中进行浸染，使织物纤维产生不同的图案纹样。夹染也被称为"夹缬"，它是一种在对织物进行染色之前，利用雕刻有花纹的夹版，将织物对折固定后，再将其放在染液中进行浸染的一种染色方法。饼染是一种很古老的染缬工艺，它是将棉花经过处理后，放入饼染架上，按照事先确定的图案，将棉花打结，然后将其解开，再进行纺织，就可以获得一种模糊效果的几何纹样。绞缬、蜡缬、夹缬、饼染等纯朴而又新鲜的传统印染工艺，如今已经演变成了现代的扎染、蜡染、夹染及民间蓝印花布等。因为这种民间印染技术的制作方法简单，使用的工具和材料也比较简单，更容易用手来进行操作，所以在民间得到了广泛应用，生产的印染花布也被广泛应用于各类服饰、被面和各类工艺品。

一、扎染

扎染，在古代称为"绞缬""缬""绞染""撮缬""撮晕染"，在民间也称为"扎花布""撮花"。扎染在我国中原地区产生于秦汉时期，至今已有 2 000 多年的历史，它是中国古代纺织行业的一种传统"防染法"印染技术。扎染具有朴素、简洁的特点，是一种传统的、在民间普遍使用的手工染色方法。根据《实仪录》的记载，汉代就有一种染色的方法，但不知道是谁发明的。扎染是用麻、丝、棉绳等线，按照一定的规律，在一块平坦的布上进行扎结、缠绕、串缝，从而起到防染的作用[10]。《资治通鉴音注》中对古时的扎染工艺有详细的记载："撮揉以线结之，而后染色，既染，则解其结，凡结处皆原色，余则入染矣，其色斑斓之缬。"这就意味着，扎染指的是以一定的花纹为基础，利用针线将织物缝制成一定的形状，也可以直接用线捆绑，再将其抽紧扎牢，在染色的时候，折叠处不会着色，但是没有扎结的地方却很容易着色，从而产生一种独特的晕色效果。在历史上，扎染是一种广泛应用于民间的染色工艺。

扎染是用线、纱或绳子等工具，用扎、缚、缝、缀、夹等方法对织物进行固定的，以使织物产生褶皱并相互覆盖，目的是让织物扎结部分在染色时起到防染效果。因为在绑扎时，染料难以透过绑扎部位，而保留了原来的颜色，而没有绑扎的部位，则会被均匀地染色。因此，就会产生一种浓淡不一、层次丰富的晕状图案。纤维束得越紧、越牢固，最终的防染色效果越好。扎染可以将一般的扎染面料染成常规的花纹，也能染出表现具象花纹的复合成分和各种具有艳丽色彩的彩色图案。因为手工扎染具有不可重复的特点，因此世界上不可能出现一模一样的扎染作品，这也是扎染具有独特魅力的原因。典型的扎染作品如图 2-12 所示。

图 2-12 扎染作品

二、蜡染

蜡染，也叫“臈缬”“蜡缬”，是一种有千余年历史的古老民族印染工艺。蜡染和“绞缬”“夹缬”并称为中国传统的三种主要印染工艺[11]。蜡染过程：用蜡刀蘸着融化的蜡，在布后涂上一层靛蓝色，将其染色；除去蜡后，布表面就会出现蓝底白花或白底蓝花图案。蜡染图案多样、层次丰富，是我国西南少数民族的一个重要文化特色。我国西南少数民族地区的蜡染艺术，在漫长的发展历程中，不仅发展出丰富的创造经验，更有自己的民族特色，是中国一朵具有鲜明民族特色的花朵。图 2-13 所示的是瑶族蜡染背扇。如今，在贵州、云南、广西、湖南地区，蜡染仍有很大的发展空间。

现今的蜡染，大致可分为三种类型：一是在西南少数民族地区，由民间艺术家或乡村妇女所制作的，这种类型的蜡染作品，应当归入传统民间手工艺品；二是工场和作坊制作的面向市场的蜡染制品，属于工艺美术品[12]；三是纯粹的观赏艺术品，被称为“蜡染画”。三种类型的蜡染作品在不同时期发展，又互相影响。

图 2-13　瑶族蜡染背扇

从其工艺性质来看，蜡染属于古代防染工艺。蜡具有斥水性，在织物需要显花的地方进行涂画，之后再将织物浸入常温染料中对其进行浸染，染完之后，将蜡用水煮洗脱掉，因为在涂蜡处，染液很难对织物染色，所以会呈现出白底花纹图案。蜡染分为两类：一类是单一的，另一类是复合的。有些多色染色蜡染工艺可以同时染四五种以上的色彩，因为不同的色彩容易互相渗透，所以多色染色蜡染作品的花形很大，多用来制作布幔、窗帘等。

三、夹缬

夹缬是中国古代一种传统的“两面皆空”的防染法，是一种“两面都有”的防染技术。进行夹缬时，将一块木头雕刻成两个图案完全一样的镂空版面，再将麻布和丝绸折叠起来，夹在两个版面之间，再用麻布和丝绸绑在一起，然后上色[13]。夹缬法早在秦汉时期就已存在，并在盛唐十分盛行。在中原地区，自秦汉以来，就已经出现了雕版和与雕版有关的染色和染色工艺。《中华古今注》中有一条：“隋大业中，炀帝制五色夹缬花罗裙，以赐宫人及百僚母妻。”这表明，在隋代，这种多色的雕版印染技术就已经达到了一定程度。从阿斯塔那古墓群的 309 号墓葬中发现的北朝夹缬织物中，可以看到图案清晰、对称、具有平衡规则之美的夹缬织物，体现了其经久不衰的特点。到了现代，该技术只在新疆等少数民族地区保存下来，汉族地区已接近绝迹，目前只在浙江南部找到了该技术的残存，且多用来印染床单、被面等。今天，浙南的绣球虽不能和唐朝的绣球相比，却仍保持着它的艺术特征，并充分展现了它那令人着迷的艺术魅力。虽然夹缬是一种单色的染色工艺，成品颜色也是简单的蓝白色，但在这恬静的颜色中，我们可以看到一种粗犷的风度，感受到一种乡村的味道。典型夹缬作品如图 2-14 和图 2-15 所示。

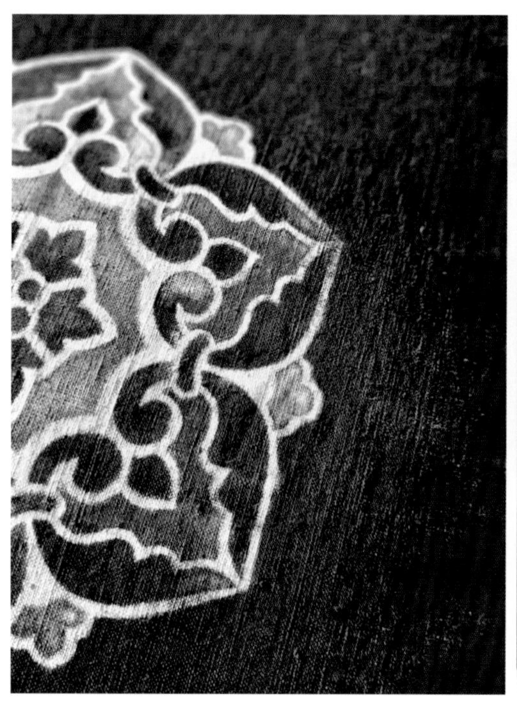

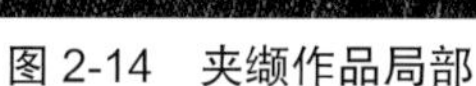

图 2-14 夹缬作品局部

图 2-15 夹缬版面及成品

夹缬的生产过程：准备坯布，准备染料，雕刻版面，安装版面，浸染版面，脱版取布，冲洗和烘干。由于夹缬以棉麻织物为主要原料，其染色的产品图案鲜明、耐久。因此，在唐代之后，该染色技术得到了很大的发展；并且，在工艺上，工匠一步一步地对其进行改进和创新，如用桐油涂过的竹纸来取代木版印花，并与印金、描金、贴金等工艺相结合，使得制作出来的夹缬花纹图案变得更加清晰和明快[14]。

四、薯莨染

薯莨，又名红孩儿、朱砂莲、羊头，属于薯蓣科，其块茎中的红色汁液中含单宁，涂抹在布上后，会形成一种胶状物。甘薯是一种多年生粗而结实的草质藤本属，具有圆锥形、长方形或椭圆形的块茎，外褐内红，茎上具刺或刺状突起，在我国分布广泛，包括浙江、江西、福建、湖南、广东、广西、贵州、四川、云南、台湾。此外，甘薯产地还包括老挝、越南、菲律宾等。甘薯生长于丘陵、沟谷、道路旁的林缘、灌丛等杂木林缘，性喜温，茎叶喜旱，不惧严寒，生长环境以 25~30 ℃为最佳。薯莨砦多生于地表，是一种浅根植物，对水分有较强的抵抗力，适宜生长于灌溉排水良好、水分适中的肥沃土壤。薯莨砦的块茎含单宁酸，可将其碾碎、压榨、过滤后，以其汁为原料进行着色。用马铃薯染色制成的织物，具有凉爽、挺括、容易洗、快干的优点，是我国南方沿海气候炎热地区服装面料的首选[15]。薯莨染从坯绸的准备到晾衣料成品，需要经过以下步骤：浸莨水、洒莨水、封莨水、煮绸、卷绸、抹河泥、水洗、摊雾等。整个过程包括多次晒绸的 10 多道工序，30 多次反复操作。用来制作薯莨纱的坯纱绸是指在晒盘前已经过煮练的白坯纱或白坯绸，其中主要以真丝纱罗织物为主，然后是薄型真丝纺等，其原材料以桑蚕土丝为好。薯莨染因其特殊的原材料和制作技术，染色过程受季节的影响较大。20 世纪 50 年代前，东涌村的家庭习惯于用薯莨来染色，织物经过漂白后，具有耐磨性和耐穿性，并带有某种色彩。此外，随着时间的推移，香云纱这个古老的薯莨染工艺早已销声匿迹，但是有些上了年纪的人对它还是有印象的。

香云纱以蚕丝为原材料，以野生植物薯莨的根状、块茎的汁液为染液，在自然环境中，依靠日光曝晒进行加工的。其具体的工艺过程如下：首先，将薯莨切成碎粒状，然后放入瓦缸，加入适量的清水，盖上盖子，用大火煮瓦缸数小时，使薯莨充分溶解，变成棕色的浆水；之后，将待染坯绸反复地淋浴或浸渍、晒干，也就是将薯莨水倒入木盆，将待染的坯绸放在盆里浸泡一个多小时，将水拧干后，摊在麦秆上晾干，晾干后再浸渍，如此反复三四次；最后，漂染后的织物就会变成棕色。如果想把棕色的毛坯布匹染成黑色，可以先把布匹上色；然后在布匹上涂一层珠三角出产的富含铁元素的黑色塘泥；晾干后，在布匹上一层一层地再涂，重复几次；之后在草丛上晾晒，把塘泥抖掉；最后再洗净，就能得到一层黑中带黄，油光发亮的香云纱布。

五、蓝印花布

蓝印花布，是由“药斑布”“浇花布”演变而来的一种手印染品，其特点为蓝色上有白色花纹或白色上有蓝色花纹。据康熙年间的《松江府志》所载：“药斑布俗称浇花布，今所在皆有之。”药斑布在松江也是有名的土产，在全国都有很大的市场。《木棉谱》记载了它的染色方法：“其以灰粉渗胶矾涂作花样，随意染何色，而后刮去灰粉，则白章灿然，名刮印花；或以木版刻作花卉人物禽兽，以布蒙版而砑之，用五色刷其砑处，华彩如绘，名刷印花。”蓝印花布是古代乡间老百姓常用的一种手工染色产品，在我国民间广泛流行。民间蓝印花布是一种具有悠久历史的民族服装，其原产地以汉族地区为主，其图案内容大多来源于汉文化的传统，蕴含着吉庆与祝福的意义，体现了民族传统的风情与审美趣味。

蓝印花布的生产技术主要有两种：一是漏版刮浆法，二是木版搓浆法。蓝印花布是一种有漏版处的刮版布，它的印染材料和工艺：采用油纸雕花版，在布上刮以豆粉和石灰制成的防染浆，之后将其浸泡到靛蓝缸中进行染色，染好后再刮去灰浆，就能得到一种蓝底白花的花布。据《吴邑志》记载：“药斑布，其法以皮纸积褙如板，以布幅阔狭为度，錾镞花样于其上；每印时以板覆布，用豆面等药如糊刷之，俟干方可入蓝缸浸染成色。出缸再曝，才干拂去原药，而斑斓布碧花白，有如描画。”另外，还可以用白色和蓝色的花朵来印刷。只要在主要版面上加一个副版面，就可以把几条多余的线剪掉。图案的效果是由刻镂油纸雕花版决定的。油纸雕花版是在桑皮纸上涂柿子漆制成的，通常有六层厚的框框。刻版的手法和阴刻一样，都讲究对称、不能翘边。纸版刻完后，还需涂上一层桐油，使其更牢固，更不容易使水渗入。木版蓝印花布的生产方法相对简单，其使用凸版上的木版，直接在布面上涂上颜色，然后印上图案。大多数的版子是以一种连续的纹样为一个单元，由艺术家按次序压紧到布上。此法曾经风行欧洲，在我国则在新疆维吾尔族地区广泛发展，且已成为一种习俗，汉族地区则很少见到。

六、彩印花布

在民间印花布中，除了蓝色印花布，也有彩色印花布。这种用彩色颜料制成的印花布匹，在民间被称为“花袱子”。晚清时，由于蓝白两种颜色的蓝印工艺得到了进一步的发展，产生了彩印，直到今天，在山东的临沂和高密仍有大量彩印花布生产。清朝褚华的《木棉谱》中记载："蓝坊，染天青、淡青、月下白；红坊，染大红、露桃红；漂坊，染黄糙为白；杂色坊，染黄、绿、黑、紫、古铜、水墨、血牙、驼绒、虾青、佛面金等。其以灰粉掺胶矾涂作花样，随意染何色，而后刮去灰粉，则白章烂然，名刮印花。或以木版刻作花卉、人物、禽兽，以布蒙版而砑之，用五色刷其砑处，华彩如绘，名刷印花。"彩印花布采用"刮印花""刷印花"两种方法，既可对多种单色图案进行印染，又可对多色图案进行多色图案的印刷。灰粉（也就是抗染色剂）通常只能用一种颜色，但是如果将混合好的色浆在版面上刮印，就可以用特殊的版面来套印，然后再用蒸汽洗涤，就可得到一种带颜色的布料了。另外，刮印法中也有用涂料印刷的，称为"漆印"，就是用涂料在色布上印刷散开的图案，使色彩更加鲜艳，但也有一种独特的风味[16]。

在中国的乡村和民间，彩色印花也是一种较为独特的印染技术。不过，在南方和北方，彩印的制作方式也有细微的差别，南方多用木版按印，而北方多用漏版印刷。彩印花布所用的布料都是手工织成的，对织物的纺纱、织造都有很高的要求，染色的材料主要来自矿物、植物等，色彩鲜亮、耐穿。彩印花布的图案由鸟、兽、虫、鱼、花、果、人等构成，有着吉祥和祝福的含义，在很多民俗活动中，常用于烘托节日气氛。

在传统的手印、印染工业中，彩印花布的生产工艺主要有漏版刷花与木刻砑花两大类。漏版刷花是一种直接着色的方法，在有凹槽的版面上进行涂布，其版面是用油纸刻镂而成的，在现代则是用薄片（马口铁）凿刻而成；印刷颜色有大红、洋红、玫瑰红、品绿、姜黄及紫色；品类有大包袱（包棉被）、小包袱（包衣服）、门帘、桌围、帐檐、儿童的围兜等。所谓木刻砑花，就是将布匹铺在雕刻的木板上（布匹要浸透才能敲击），然后根据要求，选择合适的颜料，在不同的地方涂上一层，故木刻砑花也叫刷印花。实际上，其运作方式与石碑拓片非常类似，只不过由墨变成了彩色染料。在涂布时，除用木刻版之外，还有一种是用油纸漏版，即用毛刷或鬃刷直接在布料上着色。另外，在明清两代，苏州地区还有一种印花法，叫做弹墨。据《图书集成·方舆汇编·职方典》所载，苏州民间曾有一种以五彩丝缎为底纹，织成花鸟锦缎的印法。《红楼梦》第三回也提到，贾政家里有一把弹墨椅袱。故宫博物院中亦有这样的弹墨椅袱。根据文献和实物，弹墨的印刷方式应该是用一张油纸将图案雕刻出来，形成一个镂空的图案，覆盖在丝绸上，然后用毛笔蘸着颜料，用一把竹刀轻轻一划，让颜料均匀地分布在图案上；也可以用吹管对面料进行喷色，得到的图案就会产生晕染的效果。刷印花、弹墨等，使用的染液通常较稀，多为液态。用这种方法制成的彩印图案精细、色彩鲜明、对比强烈。山东潍坊、浙江宁波、河南安阳、河北高阳以及新疆的民间彩印花布大都采用此工艺。

第三节　民族服饰类

一、苗族服饰

苗族服饰的式样繁多，色彩丰富。《后汉书》中便记载了五溪的服饰。五溪即今湘西及贵州、四川、湖北交界处，因此地有五条溪流而得名。杜甫曾有对苗族"好五色衣裳"记载的名句："五溪衣裳共云天"。苗族女性服装款式近百种，堪称中国民族服装之最。较有代表性的传统"盛装"，仅仅是插在发髻上的头饰便有几十种。

苗族没有史书，与其他少数民族的口头历史又有不同，该民族的服饰即是其民族“史书”，如图 2-16 至图 2-18 所示。苗族服饰中的纹样分别代表特定历史事件或故事，即一些人类学学者所谓的“针笔线墨”。例如，条纹代表祖先迁徙时渡过河流的数量，苗族中的长者甚至可以对着衣服“念”出历史。苗族服饰的图案纹样是穿在身上的一部民族史书：褶裙上的彩色线条是一条条河流、一条条山路；背牌上的回环式方形纹是曾经拥有的城市，包括街道、城墙、角楼；披肩上的云纹、水纹、菱形纹是北方故土的天地和一丘丘肥沃的田土；花带上的“马”字纹和水波纹是苗族祖先迁徙时，万马奔腾过江河的壮观气势。

图 2-16　贵州丹寨雅灰苗族蚕锦对襟女上衣

图 2-17　苗族女性盛装 1

图 2-18　苗族女性盛装 2

二、彝族服饰

彝族人民钟爱花卉，这一点在服饰中有具体体现。青年男子喜穿白色，青年女子在衣服小口袋上方绣彩色八角花。妇女衣裤的领口、袖口、裤脚都绣有花边，耳戴银耳环，腕戴银镯，指戴戒指，胸前佩戴花围腰。围腰多以青蓝布为底，用白布作心，以五色丝线绣成各种花卉、禽鸟、昆虫或龙凤图案，有的还绣有诗词，构思精巧，充分体现出彝族妇女的聪明才智。围腰带紧系腰间，显露出彝族妇女健美的身材；身后打结，坠下一尺来长的飘带，飘带上也绣有花草图案。围腰飘带随风舞动，犹如彩色蝴蝶在花间飞舞，显得十分美丽。青年女子头戴花喜鹊帽，帽顶是空的，帽尖缀一银泡，帽尾翘起，黑白相间，状如喜鹊。

传统彝族民族服饰不仅因地而异，有性别、年龄、族装、常装之别，还有婚服、丧服、祭祀服、战服等各种功能服饰。在阶级社会，表示社会存在的等级制度在服饰上也有所反映。由于彝族在历史上宗族观念深、支系多，所处地域广阔、自然环境复杂，生产经济类型各有差异，以及民族之间存在相互影响，因此彝族服饰在其质地、款式、纹样、饰品等方面均形成了明显的地域特征：一方面强烈地反映着自己的传统特点，另一方面也反映着不同民族文化之间的相互影响和渗透。因此，在彝族服饰中，有的地区多为裙，有的地区多为裤，还有的地区多为袍。服饰的表现手法也不一样，刺绣、挑花、贴补，还有蜡染等，千变万化，丰富多彩。典型彝族服饰如图2-19和图2-20所示。

图2-19 云南富宁彝族女装

图2-20 云南红河彝族蜡染女装

三、蒙古族服饰

蒙古族的服装种类丰富，有巴尔虎服装、布里亚特服装、科尔沁服装、鄂尔多斯服装、杜尔伯特服装、云南蒙古族服装等[17]。蒙古族男女服装在风格上具有程式化，但又各具艺术特色，其中以女性服装最为突出。蒙古族由于其独特的自然条件和生产生活习惯，具有“脚上穿靴、身上穿袍、腰上系腰带”的特点。蒙古族的服装是由长袍、饰物、腰带、长靴等四部分构成的。蒙古族男子的长袍是一种宽大的长袍，以兽皮和布料为主，袖子是收口袖或者马蹄袖，衣领很高、很大，下摆也很大。因为地理位置的原因，东边的蒙古族长袍受到了满族服饰的影响，会在袍子上开叉，西边的则会在袍子上套上一件背心。蒙古族在春秋两季会穿着一件夹袍，夏天穿着一件单衣，冬天穿着一件皮衣和一件棉衣，下身的衣服主要是裤子。束腰是他们衣饰中不可或缺的一部分，以棉、绸为主，长度可达三四米，系在腰带上，方便骑马、劳动，还方便悬挂刀剑，放置筷子、烟具等。蒙古族人喜欢穿过膝的长靴，这些长靴主要由皮革、布制成，表面有刺绣图案，骑马时脚踩踏蹬非常舒服，冬季可以起到保暖作用，夏季可以防蚊，行走在草地上，也可以防蛇、虫，靴子的额头有 6.5 cm 以上的尖翘鼻子，可以穿草护脚，走在草地上，可以提高行走速度，而且不容易磨损[18]。蒙古族尚白，因其神圣、祥和，故夏季服装多以白色为主，其他服装多以天蓝色、褐色为主色调，以显示其华丽。

蒙古族女子穿着较为贴身的衣服，这些衣服大多是用红、绿、黄等丝质材料做成的。与男装类似，蒙古族女装为高立领，裙摆较宽，两边开叉或无叉，分“大”“小”等样式；衣扣多为黑色丝线绣，或用特殊的铜扣装饰，在领口、胸前、袖口处饰以鲜艳的花边。蒙古族女装还会有束腰，女子身着蒙古族长袍，红色和绿色的丝带束在腰间，可以显示出纤细的身段，显示出年轻和美丽。蒙古族妇女的头饰有很多种，而且在地域上有很大差别。“姑姑冠”是元朝盛行的一种发髻，由桦树皮制成，用丝绸包覆，周围缀有珍珠链。鄂尔多斯地区蒙古族妇女的头饰是“连垂”“发套”，全身以金、银、珠翠为饰物，十分华丽。布里亚特地区蒙古族妇女的发饰由两个部分构成，一个是银环，另一个是银辫。银辫用银丝编织而成，具有很强的造型。巴尔虎地区蒙古族妇女的发髻，完全保留了其民族特色，由额箍、角状银饰等构成。银额箍的正面镶嵌有几颗珊瑚，后部缀了三个镂空的小银铃，两侧为牛角形银饰，采用錾花工艺成型，银片曲饶，层次分明，整个头饰呈现出扇形。典型蒙古族服饰如图 2-21 至图 2-23 所示。

图 2-21　蒙古族服饰 1

图 2-22　蒙古族服饰 2

图 2-23　蒙古族服饰 3

四、朝鲜族服饰

朝鲜族的传统服饰符合他们的生活习惯，他们在生活中多使用火炕，男性通常盘膝而坐，女性则是膝盖着地，因此，他们的服饰大多是宽大的。白色在朝鲜族中是非常受欢迎的颜色，代表着纯洁、善良、高贵、神圣。朝鲜族普遍喜欢穿白色的衣服和朴素的衣服，所以被称为“白衣民族”。朝鲜族服装主要由袍、褂、裙、裤和头饰五部分构成，整体风格独特，从肩部到袖头的笔直线条与领子、下摆、袖子的曲线，构成曲线与直线的组合，没有任何多余的装饰，是“白衣民族”古代长袍的特征[19]。朝鲜族男性通常都穿着一件白色的短而薄的上衣，外罩一件黑色的马甲，下面是一条宽松的长裤。出门在外，多着一件布衣，系着纽扣，看起来简单、潇洒。女人的短衫，朝鲜语称其为“则羔利”，男人的短衫更短，斜襟，宽袖、左衽，没有扣子，胸口两边各有一条带子，穿衣服时，系结在右襟上方。马甲，在朝鲜语中称为“古克”，是一种黑大衣，也可以是一种带纽扣的“背褂”，外衣材质以丝绸为主，内衣则以羊毛为主。内衣为三兜，五纽扣，穿在身上，会显得很精神。朝鲜族男性喜欢穿长裤，他们的裤子很长，腰部也很粗，颜色以白色为主。“巴基”是朝鲜族的传统长裤，裤裆宽大，裤腿上扎着缎带，在户外活动时能起到保暖作用。

朝鲜族妇女的传统服饰分为上半身和下身两部分。上半身的短衫非常短，被称为“则羔利”，这是朝鲜族妇女所钟爱的一种服饰，在袖口、领口和腋下镶有仅覆盖胸前的亮丽丝质花边，花色多为淡色，如黄、白、粉红等，穿着漂亮、端庄、大方。下身的裙子叫作“契马”，腰部有一条长长的褶子，宽大而飘逸。裙子也是分长度的，中年女人多穿长的，年轻女人多穿短的。上了年纪的女子一般都会穿着缠裙（由一块没有缝过的布料制成，由腰部、裙摆和裙带三部分组成，上部狭窄，下部宽阔，上部有很多细小的褶皱，穿着的时候，会绕着腰一圈，然后打个结，绑在右侧的腰上），平时也会用白色的丝巾包头[20]。朝鲜族的服装没有任何扣子，只有一条白色的带子系着，特别是在右肩上有一个蝴蝶结，这种服装应该是受到了中国汉朝文化的影响，汉朝妇女的“襦裙”一度很流行，朝鲜族妇女的上衣和裙子与这种服装的样式很像。典型朝鲜族服饰如图 2-24 和图 2-25 所示。

五、锡伯族服饰

锡伯族在服装上既有汉族、满族、蒙古族三个民族的服装特征，也有自己民族服装的特点。锡伯族男人的衣着和满族男人的衣着有很多相似之处。男人多带圆顶帽、双边帽、高顶帽等，冬天则带护耳的皮革帽子。男人的衣着多以蓝、青、灰、棕色为主，爱穿宽口、两边开叉、钉布纽扣的长袍或短衫。背心大多是无袖、无领的样式，有单层背心和棉质背心；在夏季，人们会穿着一件内衬，而在冬季，则会披着一件由山羊皮做成的皮衣。锡伯族男人的裤子是扎着的，腰带是青色或蓝色的，用布、绸缎或皮革制成。腰间绣着精致的花朵，还镶嵌着银色的花纹[21]。春天、夏天、秋天，人们多穿着圆底黑靴；冬天穿着白或黑色的毡棉靴，锡伯族人叫它“扎木萨木”。男人的鞋子表面多绣有动物、花草等花纹。

锡伯族女子的服装基本上还保留了传统服装的特色，爱穿旗袍、束裤腿、白色袜子、绣花鞋子等[22]。锡伯族年轻女性一般都会穿上用各种颜色的花布和格子布制作的卷边旗袍，她们喜欢把有各种图案的长袍套在身上，旗袍外面还会有一件带有侧开叉的大襟坎肩，或者是无袖无领、无袖有领的小背心；下身是一条长裤子和一双白色的袜子，脚上是一双绣满了精致花纹的绣花鞋子。少女则多梳一条长辫子，结婚后会将头发扎成辫子，戴上耳环、手镯、戒指等珠宝。

图 2-24　朝鲜族服饰线稿

图 2-25　朝鲜族女性服饰

锡伯族的儿童服装很特别，刚出生时仅裹着布条，等他们半岁的时候，才会给他们穿上衣服。童装做工精致，选用优质的丝绸和布匹，款式模仿成人的旗袍。在小孩子的服装上，还使用彩色的绸缎，上面绣有花鸟草木的图案。男童装上多绣有古代弓箭和动物图案，寓意健壮、勇敢；女童装上的花鸟草木图案，使她们看起来更是活泼可爱。

六、回族服饰

回族服饰因地域、性别、宗教等因素而呈现出多样的特点和样式。在服饰方面，回族人以白为尊，认为白为至纯之色[23]。回族男人爱戴礼拜帽，这也是回族服饰的一个主要特点。礼拜帽是一种圆帽子，没有檐口，按颜色分，有白色、灰色、蓝色、绿色、红色、黑色等颜色。礼拜帽最初是回族男人在祭拜时所带的一种帽子。祭拜时，额头、鼻子都要触地，因此，带上这种没有边沿、平顶的小圆帽非常方便，并逐渐从宗教需求演化成了回族男人的传统服饰。回族的男性，除头戴白色帽子之外，还用白色、黄色的毛巾或布裹住头部。背心是回族服饰中的另一项主要内容，男人们爱在白衬衣外面加一件对襟背心，黑与白的反差很大，但也有许多背心，上面有精致的伊斯兰花纹，颜色各异。他们的马甲有棉质的，也有皮革的，可以作为外衣，也可以作为内衣。背心的布料很有讲究，要用胎皮和短毛羊皮，缝制好后，又轻又软、又平又松。回族男性还爱穿着白色上衣，白色的高筒布袜，白色的大裆宽大裤子。男人的鞋子通常是自己做的方头或圆头的布鞋，还有用麻绳和绳子做的凉鞋。

第三章　纺织非遗创新设计案例

在历史长河中，中国非物质文化遗产作为中华儿女在日常生产生活中的智慧结晶，以丰富多彩的形式展现了我国的传统文化。非遗文化作为我国优秀传统文化的代表，应得到国人的关注和重视、发扬和传承。纺织类非遗的时尚化探索可资借鉴。作为我国传统服饰最常使用的手工技艺，近年来，包括织、染、印、绣在内的纺织类非遗通过创新发展模式、融入时尚品牌、丰富传播路径、拓宽行业边界等方式，频频出现在人们的视野中，被不少年轻人喜爱，打下了良好的市场基础，正走在以富含东方韵味的时尚服饰传承古老智慧，讲述地域故事的道路上。

第一节　手工刺绣技艺

刺绣，别名“针绣”，是用绣针引彩线，在纺织品上刺绣运针，以绣迹构成花纹图案的一种工艺。刺绣是一项中国古老的手工技艺，中国的手工刺绣工艺，已经有 2 000 多年的历史，著名的有鲁绣、粤绣、湘绣、京绣、苏绣、蜀绣等，各具地方特色。苏、蜀、粤、湘四种地方绣，后又称为“四大名绣”，其中以苏绣最负盛名。刺绣是一种表现力强的彰显文化的形式，是对历史、文化、民族精神的传承。刺绣元素符合我国现代审美多元化和个性化发展的需要，传统与现代的碰撞激发着无数设计师与手工艺人的创作灵感。

一、装饰品

陶艺师在半功能花瓶上打洞，然后穿过线产生图案和花卉图案，探索工艺史上的性别规范和等级制度。将陶艺和刺绣从传统的语境中提取出来，并将它们结合起来，然后重新想象，从而扩展了两种工艺的边界，创作出了令人意想不到的作品，如图 3-1 至图 3-3 所示。

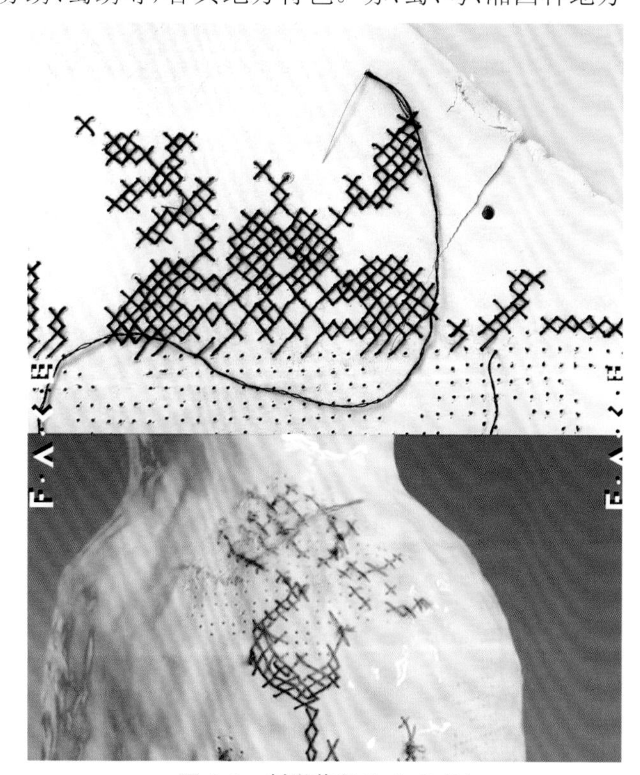

图 3-1　刺绣花瓶 F·A·C·E1

图 3-2　刺绣花瓶 F·A·C·E2

图 3-3　刺绣花瓶 F·A·C·E3

二、生活用品

孙晓光制作的藻井图案刺绣团扇，参考了方井套叠藻井及莲花藻井样式，材质选用了错石、异型亮片、水晶、珍珠、管珠。运用了传统的打籽绣、珠绣、欧式亮片绣及钩针刺绣等工艺，旨在尝试用不同的刺绣工艺诠释中国传统纹样[25]，如图 3-4、图 3-5 所示。

图 3-4　藻井图案刺绣团扇 1（孙晓光作品）

图 3-5　藻井图案刺绣团扇 2（孙晓光作品）

三、文化商品

苗族刺绣文化是苗族人民在劳动生活中创造出来的，其美学规律和审美价值得到了广泛认可。苗绣手艺人彭晓君在充分了解苗族刺绣丰富文化内涵的基础上，从色彩、造型、图案、工艺、故事元素等方面着手，突出其特征，通过对比映衬，引发人们丰富的联想，增加文创产品的文化美学价值。彭晓君针对苗族刺绣的故事元素进行提取，基于蝴蝶妈妈纹样、龙纹及枫香树图案进行创新表现，进而用于书签设计，最终将苗族刺绣故事元素中的审美意趣借助书签的文化属性表达出来，如图 3-6 和图 3-7 所示。

图 3-6　苗绣书签 1（彭晓君作品）

图 3-7 苗绣书签 2(彭晓君作品)

四、饰品

马尾绣源自水族古老的手工艺绝活,因该族人们采用原始的口耳相传的传承方式,使得马尾绣这一技艺的传播范围较小。其高难度的刺绣技术,造就了这一工艺极其珍贵的艺术价值。迄今为止,马尾绣有上千年的传承历史,是现存的最古老的刺绣工艺,在刺绣界享有“活化石”的美称。如今,马尾绣走出村寨,不再是书本和传说中的“活化石”,而是可以跃然各种生活物件上的美丽纹饰,我们在衣物、鞋子、首饰、包等服饰上都能看到它的身影,如图 3-8 和图 3-9 所示。

图 3-8　马尾绣耳饰

图 3-9　马尾绣发簪

五、服饰

（一）刺绣纹理数字化设计

学者张秀文和马凯针对现有刺绣纹理在数字化传播中存在的真实感、立体感不佳问题，以平绣为例，使用 Substance Designer 软件，通过调整优化节点连接方式和参数，提出了一种以绣料构建、纹理构建、随机疵点与细节优化为顺序的解决方案。他们将 SBSAR 纹理文件导入 CLO3D 中进行效果模拟，将渲染效果与直接在 CLO3D 中导入的多种贴图的渲染效果进行对比，最终虚拟呈现出了刺绣的光泽感、立体感、真实感，如图 3-10 和图 3-11 所示。从细节展示中，可以看出平绣部分的仙鹤和海浪纹样可以呈现较明显的凸起效果，且在面料的形态方面，模拟出较好的粗糙感与光泽度[26]。

图 3-10　刺绣渲染效果

图 3-11　刺绣虚拟表现

（二）汉绣服饰设计

汉绣是源自楚文化的民间艺术，吸收了百家艺术之长，具有浪漫拙朴、热闹充实、趣味盎然等审美特点。设计师向靖雯以楚艺术风格为出发点，将汉绣形象特征转化设计概念并运用于服饰图案设计，并将汉绣的风格特征作为整体服饰风格的灵感来源。该系列服饰名为“楚风”，整体设计的主要灵感符号为凤鸟，结合汉绣形象特征以及汉绣图案拙朴可爱的艺术风格。该系列服饰的整体造型强调圆润、富有曲线感的廓形特征，整体风格趋于表现浪漫奇巧与活泼灵动的视觉效果[27]，如图 3-12 至图 3-15 所示。

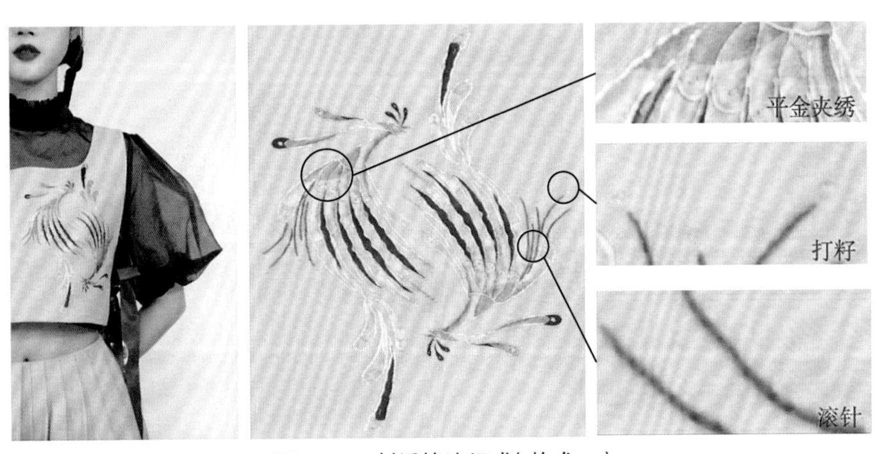

图 3-12　刺绣技法组成（款式一）

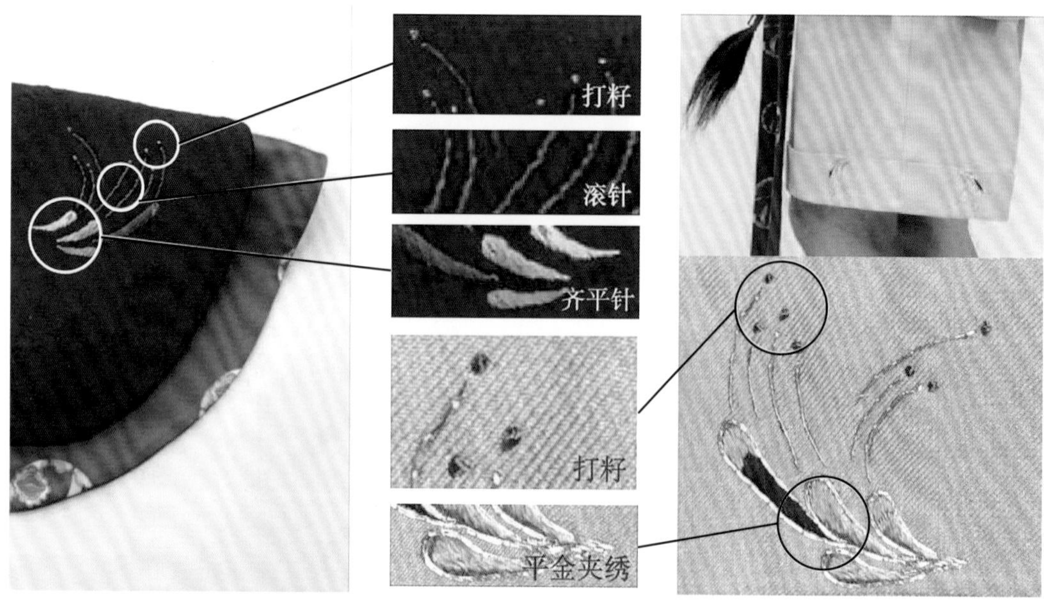

图 3-13 刺绣技法组成(款式二)

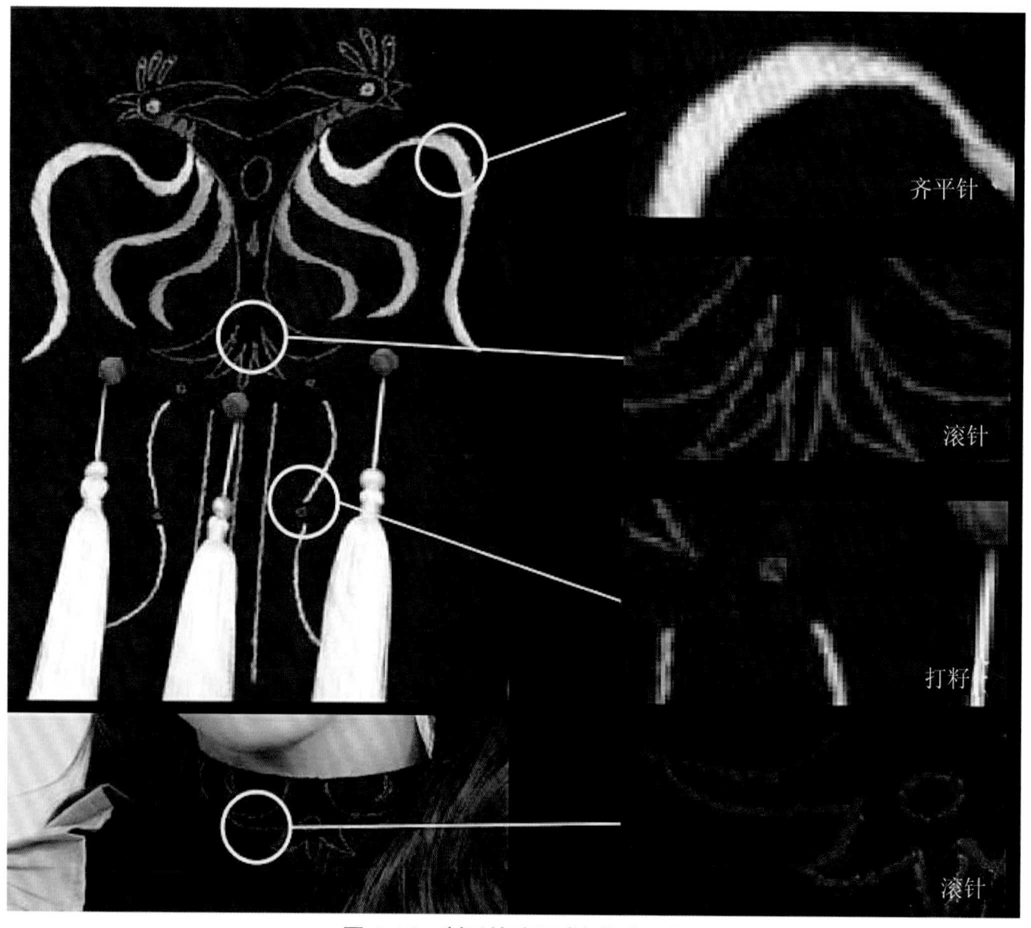

图 3-14 刺绣技法组成(款式三)

（a）　（b）　（c）

图 3-15　服饰图案应用

（a）整体效果　（b）局部 1　（c）局部 2

（三）苗绣服饰设计

代号为 022397 的设计师为苗族人，他以苗绣为主要元素，也将苗族的文化和风格作为一个载体来诠释核心主题，将苗族文化溯源转化为新的语言。该设计师的 BLUFF 001 系列运用大面积的苗绣，均由绣娘手工刺绣完成。16 位模特中的 15 位模特均着“黑脸”妆容，这一妆容来源于苗族人独特的婚礼习俗。在该习俗中，脸要抹得越黑才越好；抹得越黑，寓意新娘嫁过来后会多子多福、万事如意；抹得越黑，新娘子染的绣布才会越黑，做的苗衣才会更好。关于抹黑脸的来历，来自苗族古歌中的一个传说，而这一婚礼习俗一直传承至今。该系列的服饰如图 3-16 至图 3-18 所示。

图 3-16　BLUFF 001 系列《墙》1（022397 作品）

图 3-17 BLUFF 001 系列《墙》2
（022397 作品）

图 3-18 BLUFF 001 系列《墙》3
（022397 作品）

（四）苏绣服饰设计

苏绣主要分布在以苏州为中心的江苏一带，凭借精巧的针法和灵动的画面享誉海内外，被誉为中国“四大名绣”之一。苏绣具有图案秀丽、构思巧妙、绣工细致、针法活泼、色彩清雅的独特风格，地方特色浓郁。在工艺上，苏绣对针法的要求较高，其工艺特点可用“平、顺、雅、洁、亮、匀、和、齐、细”概括。随着时代的发展，苏绣逐渐在国际时装舞台上大放异彩。“盖娅传说”品牌服装系列的《四大美人》《敦煌》《戏曲》《乾坤·方仪》等，都不乏对苏绣元素的应用。“盖娅传说”品牌服装常运用苏绣的多种针法、工艺与不同材质的组合，其在工艺与材质上的创新大致表现为三种形式：一是面料结合，将苏绣和生丝、蕾丝等面料结合使用；二是不同的材质和缀饰的组合，即在苏绣的基础上添加多种缀饰，如亮片、钉珠、缎带、宝石等，苏绣与这些材料的组合具有造型丰富、立体感强的特点；三是工艺的多元化，即将多种技法巧妙结合，突破传统苏绣技艺范围，引入多元化的工艺技术手段，如将苏绣技法与国内外的其他绣种技法有机结合，将印花、编织、扎染、画绣结合，革新苏绣艺术的创作理念，使苏绣技艺焕发出新的生机[28]。

图 3-19 所示为“盖娅传说”2019 秋冬系列《惊·梦》主题秀中的服装。设计师主要采用苏绣工艺与手工贴补结合的方法，即在绣绷上完成大致刺绣纹样后再贴补在服装上，如图 3-19 和图 3-20 所示。

图 3-19 《惊·梦》(“盖娅传说”作品)

图 3-20 《敦煌》(“盖娅传说”作品)

(五)金银绣服饰设计

金银绣是中国传统历史文化传承下来的艺术结晶。随着返璞归真思潮的流行,设计师借助这个流行趋势展开创新设计,将金银绣独特的手工艺技法运用在高定礼服中。郭培(Guo Pei)在其2020春夏高定系列中运用了大量的金银绣工艺,塑造出圣洁的基调,让面料增添了一层肌理。传统的唐卡大多是经过绘画而成的,采用大千世界中的万千珍稀材料,经过研磨,制成颜料,绘成图案,色泽千年不退。而在这一系列中,设计师则采用刺绣中的堆绣技法,并用补贴绣完成佛像五官等精细部位的立体呈现,表达出浮雕感的佛像意趣,将传统唐卡中的堆绣工艺融入全新系列的设计,表达出拙朴的藏式意趣,如图3-21至图3-23所示。

图 3-21 Guo Pei Couture SS 2020 示例 1

图 3-22 Guo Pei Couture SS 2020 示例 2

图 3-23 Guo Pei Couture SS 2020 示例 3

第二节 植物染色技艺

《唐六典》记载："凡染大抵以草木而成，有以花叶、有以茎实、有以根皮，出有方土，采以时月。"[29] 植物染料本身具有无污染、无公害、无毒性的特点，而染制生产出来的纺织品更是有百利而无一害的良品，深受人们的喜爱和追捧，目前已经在高档真丝服饰、保健内衣、家居装饰用品、新型功能纺织服装等多种产品中得到应用，也在极力适应国内外市场需求，有很大的市场空间。较为常见的植物染是蓝染，蓝染是指利用蓝草的茎、叶提取色素，作为主要原料进行印染的工艺。蓝染的染色技法较为多样，包括绞缬（扎染）、灰缬（型糊染）、夹缬、蜡缬（蜡染），也包括现代蓝染设计者综合古老方法开发出来的一些新玩法，如吊染、云染、山形渐变等。

一、家纺

设计师林芳璐在设计家居产品时，创新运用了传统扎染的图案和肌理，采用以大量的肌理表现为主的工艺效果，同时增加了多种现代时尚图案主题，让扎染充满现代视觉表现力。她将扎染沿用于沙发、灯具等，展现出全新的现代家居产品造型，实现传统手艺与时尚的结合，并创造性地使用了解构与重组的艺术手段，呈现了扎染每一个工艺阶段纯粹的视觉效果。林芳璐的每一件艺术家具都独一无二，每一件都在手工和天然染色的打磨下呈现完全不同的效果 [30]，如图 3-24 至图 3-27 所示。

图 3-24　扎染家居产品（林芳璐作品）

图 3-25　扎染躺椅（林芳璐作品）

图 3-26 扎染抱枕 1(林芳璐作品)

图 3-27 扎染抱枕 2(林芳璐作品)

二、配饰

当今市面上流行植物染的服饰，与之相应的有多种植物染的配饰，如戒指、耳环、项链、胸针等，成为服装搭配不可缺少的点缀，文化气息浓厚且充满自然的气韵。由于植物染的多种染色技法可以形成独一无二的图案，满足当前追求个性化的时尚趋势，因此深受大众喜爱。

“拾取文创”是主要以植物染与冰染产品研发为主的一家工作室，其采用复古天然木底托材料，再裁剪一片直径为 5.5 cm 的圆形布料，手缝一圈后将铝片放进去抽紧打结，用布料胶水粘贴在木质托上。用该法制作出的每一枚胸针都拥有其独特性，深受消费者喜爱，如图 3-28 至图 3-30 所示。

图 3-28　蓝染挂坠

图 3-29　蓝染胸针 1（“拾取文创”作品）

图 3-30　蓝染胸针 2（“拾取文创”作品）

在国潮热的带动下，一些工作室也会采用不同非遗元素相结合的手法制作文创产品。山麦蓝文创工作室将手工蓝染与苗银相结合，制作出形态各异的蓝染饰品，传统与时尚的碰撞展现出别具一格的美感，如图 3-31 和图 3-32 所示。

图 3-31　蓝染耳饰(山麦蓝文创工作室作品)

图 3-32　蓝染戒指(山麦蓝文创工作室作品)

水家坊工作室的主理人潘宏甲和燕子是一对“90 后”夫妻，他们从小穿着植物染的民族服饰，对于植物染有着独特的情感。因此，他们在贵州水族村寨成立了水家坊工作室，致力于传承与创新植物染这一非遗技艺，让更多人感受到植物染的魅力，带动乡村振兴。图 3-33 至图 3-36 所示为“水家坊”设计的提包。

图 3-33　蜡染竹节包 1(“水家坊”作品)

图 3-34　蜡染竹节包 2(“水家坊”作品)

图 3-35　蜡染竹节包 3(“水家坊”作品)

图 3-36　扎染水纹包(“水家坊”作品)

三、服饰

设计师连曼彤、吴惟曦的作品《楚风遗韵》[31]，如图 3-37 所示。作品灵感来源于湖北天门蓝印花布中典型的植物花版纹样。他们采用修复残缺花版，通过数码印花模拟蓝印花布刻版刮浆印染效果，在棉麻服装上做实验，进行跨界多元材料在非遗服饰创新中的应用探索。他们与中国纺织类非遗大师合作，所设计的作品实现了蓝印花布与国家级非遗项目“湘西泸溪苗族挑花”的结合，入选“2021 首届常沙娜设计奖”优秀作品展。

图 3-37 《楚风遗韵》(连曼彤、吴惟曦作品)

熙菻造物工作室的蓝染女装，采用蜡染与扎染相结合的染色技法，改良版的旗袍搭配传统植物染技艺，既具民族特色又时尚日常，如图 3-38 和图 3-39 所示。

图 3-38 蓝染女装 1(“熙菻造物”作品)

图 3-39 蓝染女装 2(“熙菻造物”作品)

“生活在左”这一品牌一直坚持植物染这个主题，取之自然、回归自然的状态使得其创造出的每一件成衣都富有独一无二的魅力。每件成衣都不可复制，也不尽相同。植物染制作出的服装恰似一幅水墨山水画，与我国的艺术审美相呼应，如图 3-40 至图 3-42 所示。

图 3-40　2023 春夏植物染系列 1
（“生活在左”作品）

图 3-41　2023 春夏植物染系列 2
（“生活在左”作品）

图 3-42　2023 春夏植物染系列 3(“生活在左”作品）

第三节　传统土布纺织技艺

“土布”是现存的民间手工棉纺织品，传统土布纺织技艺是几千年来中国劳动人民世代延用的一种纯手工织布工艺。江南地区是土布的主要产区。江南土布以优质棉花为原料，经过弹花、纺纱、植物染料染色、上浆等，从采棉纺线到上机织布，要经过大大小小七八道工序，织造工艺极为复杂，代表了中国民间染织工艺的精华和最高成就。土布花色独特、牢固耐用、雅观大方，略凹凸的肌理更是散发着复古、淳朴的手工艺情感，充分体现原生态理念，具有浓郁的乡土气息和鲜明的区域特色。传统手工土布诠释的多样的地域文化理念，是工业化产品无可替代的。

一、装饰品

崇明土布拥有 600 余年的纺织历史，相关土布纺织技艺是上海市非物质文化遗产项目。崇明土布以保暖、吸汗、透气、舒适、耐穿、不起静电、品种丰富、色彩多姿等优势享誉海内外。历史上，崇明土布的繁荣与辉煌曾使江南地区纺织产业达到非常高的高度，成为江南土布的标志性符号。图 3-43 为素妍手作工作室制作的土布中式台灯和小框画《“囍”上心头》。

图 3-43　土布中式台灯和小框画《“囍”上心头》(“素妍手作”作品)

手织土布的气质温和质朴，面料天然耐用，与小动物玩偶的外表十分匹配。设计师利用多种色彩和纹样的土布进行搭配、组合、拼接，将不同土布分配在玩偶身体的不同位置，并根据色彩搭配进行放缝、裁片、缝制，完工作品如图 3-44 至图 3-46 所示。

图 3-44　土布玩偶 1

图 3-45　土布玩偶 2

图 3-46　土布钥匙扣

二、家纺

土布床单一般来说对人体皮肤不会带来任何刺激，所以具有很强的舒适感，而且土布床单还符合绿色环保的理念。绿色就不用说了，说它环保，这是因为土布床单可以防螨止痒，而且还没有静电，冬暖夏凉，透气性和吸湿性都非常好。

由于现在很多消费者的消费水平在提高，关注环保的人不断增多，“土布环保”这一概念逐渐流行起来。土布床单环保，是因为土布床单从原料种植到成品制作的全过程，都不使用任何农药和化学染剂。因此，土布床单不含甲醛和重金属物质等，完全满足绿色天然、环保健康的要求，如图 3-47 至图 3-49 所示。

图 3-47 土布抱枕

图 3-48 土布床单

图 3-49 土布凳子

三、配饰

土布在几十年前主要用于衣服、棉被、女儿嫁妆等，寓意吉祥。“种好棉，纺好纱，织好布”，一匹匹手工土布的诞生要经过种棉、绞棉、弹棉、纺纱等多道复杂的工序，实属不易及难得。来自巴马的礼物工作室用一些小碎布制作耳饰，通过结合现代时尚元素让小小的土布碎布焕发生机，如图 3-50 所示。

图 3-50　土布耳饰(“来自巴马的礼物”作品)

SJ 设计工作室运用土布作为面料，与真丝面料结合做成了定型发带。土布独特的棉质手感和超软的定型丝结合可以拗出不同的造型，适合在多场合佩戴。

土布完全可以不土，发带上头效果个性但不另类，同时也可以做围巾和腰带，还可以绑在包上，正所谓一带多用，如图 3-51 和图 3-52 所示。

图 3-51　土布发带 1(SJ 设计工作室作品)

图 3-52　土布发带 2(SJ 设计工作室作品)

旧时江南人家若有女婴出世，就在院中植香樟一株；女儿出嫁时，父亲砍断樟树，做成木箱一对，放入丝绸作嫁妆，祝女儿“两厢厮守(两箱丝绸)”。与两箱丝绸同时陪嫁的，还有母亲陪女儿一起手织的布。饮水鸟非遗手创馆推出的江南手织布系列真皮包，所选面料皆出自江南地区，特别是上海地区具有收藏价值的古董老土布。这些古董布，经过纺纱、捻线、染色、织布等上百道工序，纯手工织造而成，具有机织布不可复制的花纹和质感，值得珍藏和爱惜，如图 3-53 所示。

图 3-53　土布挎包（饮水鸟非遗手创馆作品）

四、服装

柔软温润的土布，在劳作者手中被一点点织就，这是时间的消耗，是缓慢兼有力量动作的不断重复，修磨的是劳作者之心，内涵是来自生活的哲学，同时也成就了织物朴实的内在和张扬并存的生命力。三时生活工作室设计的服饰常常采用自然的颜色和材料，体现儒雅君子本身的气质，如图 3-54 和图 3-55 所示。

图 3-54　土布服饰 1（"三时生活"作品）

图 3-55　土布服饰 2（"三时生活"作品）

"林栖三十六院"设计的寻迹"东阳土布"系列，所选面料为多种色纱混织而成的手工布。采用尾端编织形成流苏的设计，腰部用了重磅真丝面料形成不同肌理的质感对比，土布的搭配增加了服装的故事性与趣味性，质朴的色彩搭配适合不同年龄与性别，如图 3-56 和

图 3-57 所示。

图 3-56　“东阳土布”系列 1(“林栖三十六院”作品)

图 3-57　“东阳土布”系列 2(“林栖三十六院”作品)

第四章　纺织非遗数字化设计

网络是信息社会的基石，已经越来越成为人们不可或缺的一种生活和工作必需品。在越来越多的领域中，宽带的接入、宽带社区的建立、宽带网对我们所处环境的数字化改造，让我们在世界范围内的信息交流变得更加方便，让我们有更多的信息可供选择，人们可以在共享的信息数字时空中进行自我选择，最终实现真正的、高效的、主动的信息传播、电子商务和数字娱乐。在这个信息化社会里，艺术设计必将起到它独特而重要的作用。

在互联网、多媒体、虚拟现实等技术快速发展背景下，人们对“数字生存”需求的加大，以及当代设计对新型数字信息生活的重视，必将给艺术设计的客体范围、设计的理念和方法带来巨大的甚至是革命性的冲击。当代设计的一个明显的发展趋势，就是不再只注重实物设计，而更注重“非物质”设计，如系统、组织结构、智能化、界面、氛围、互动活动、信息娱乐服务、数字艺术等，注重激发用户的创造力，丰富其生活和工作。

第一节　服装数字化概述

在科学技术迅猛发展的今天，人类已经进入数字时代。数字技术是用“0”“1”两种数字编码，通过计算机、光缆、通信卫星等设备，对数据进行表达、传输和处理的一种技术。常用的数字技术包括：数字编码、数字压缩、数字传输、数字调制和解调。服装数字化技术指的是利用数字化技术对服装进行处理，在李旭先生的论文《服装数字化技术基本特征分析》中，他把服装数字化技术分为以下类别：三维测量成像技术、三维模拟二维对应技术、图案与色彩的分解与组合技术、平面图形处理技术、工业数据管理技术、执行器操作过程控制技术以及网络信息传输技术。到目前为止，服装数字化技术已经扩展到了服装数字化图案管理系统、在线数字化品牌运营、虚拟现实交互技术、人工智能可穿戴设备系统，已从一开始只关注于服装创意设计的数字化，到现在形成的一个涵盖了整个服装产业链的数字化系统。当前，服装数字化技术在服装创新设计环节中得到了许多应用，比如：可以用扫描仪将人体数据直接以数字化的形式表现出来，以大数据为基础的数据资源整合，利用互联网来获取不同人群身体形态的综合数据以及相关指标，绘图和制版都可以使用计算机软件来完成和修改，还可以使用虚拟现实技术进行样衣制作和调整。服装数字化技术的出现，不仅是科技创新的结果，它还引领着服装创新设计领域发展的优化和转型升级。

一、服装数字化的概念

数字技术是建立在计算机技术之上的。将文字、图像、语音及虚拟现实等视觉世界的多种信息储存在计算机中，并可以利用网络或其他手段进行传播的技术，统称为数字化技术。

当前，数字化技术在社会、经济、生活的各个方面都得到了广泛应用，有些人将当前的社会称为信息社会，而信息社会的经济则被称作数字经济，这就充分说明了数字化技术的重要性。

相对于其他产业而言，服装业的数字化水平相对较低，且始终无法摆脱其劳动力密集的特征。但是，在过去的十多年里，数字技术在服装行业的应用取得了比较迅速的发展，并且还表现出了两个特征。一是不同类型的服装企业在使用数字技术的时候，表现出了不同的特征。比如，运动类服装企业在使用数字技术（尤其是三维服装数字化）上，领先于其他类型的公司， Adidas 和 Nike 就是服装数字化技术应用的典型代表，这与运动类服装的三维技术的使用相对简单有关。二是服饰数字技术对服饰产业链产生了深远的影响。服装数字化技术起源于 20 世纪 70 年代，其目的是提升服装的生产效率，应用领域涵盖了服装样板设计、服装推板和排料等模块。现在，服装数字化技术已经延伸到服装销售领域，如利用三维服装数字化软件制作的虚拟服装，可以在电子商务平台上进行展示。

服装数字技术可以被简单地划分为二维和三维两种。传统的服装 CAD（计算机辅助设计）是二维数字技术的重要组成部分 [32]。

三维服装数字技术主要包括测量、造型、设计、裁剪、缝制以及服装的虚拟展示。其目的是不需要制作真实的服装，通过三维数字化完成对人体着装效果的模拟，与此同时还能得到服装平面纸样的准确信息。

二、三维数字化技术的组成

（一）三维数字化人体模型

三维人体模型的建立，是服装数字化的基础，只有这样，才能进行设计、试衣等虚拟操作。通常，可通过以下三种方式来实现三维人体模型的建立：①三维重构，也就是用三维人体扫描技术获取人体的点云数据，并将其构建成一个精细的人体模型，通常情况下，在进行扫描的时候，人体腋下、脚部等难以被扫描的部位，都会有缺陷和空洞，这就需要进行一定的后处理工作；②制作相应的软件，利用已有的三维造型软件，如 Poser、Maya、3DMax 等，进行交互式的虚拟人造型，这是一种很复杂的技术，需要很长时间的学习，而且模拟出来的东西，跟真实的身体会有很大的区别，所以很难用在虚拟试衣上；③以样本量为基础的研究，对样例进行插值和变形处理，获得与人物性格相一致的人像。本书提出一种基于人体常量结构及形态特点的三维人体平台建模方法。

（二）三维数字化设计

在三维数字人体上，设计师可直接设计出服装的样式，然后再对样式进行修正，最终得到的是平面纸样。三维数字设计的难度很大，现有技术仅能对现有的产品进行简单的造型设计，或者对现有产品进行简单的改进。但是，三维技术所带来的真实空间感，以及二维纸样的实时变换，已经给设计师带来了极大的便利。比如，对于在三维款式上画出的设计线，设计师可以通过旋转来观察更接近真实的效果，从而帮助其判断设计线的位置、长度等是否适当。

有些三维数字化设计软件能够在现有的三维服装上快速地对图案、面料、辅料、色彩和分割线等进行修改和改变，从而实现快速地进行三维设计和风格创造的目标，比如 CLO3D、

Lotta 等软件就有这样的功能。

（三）三维数字化缝制

三维数字缝纫技术通过将二维纸样按三维形态进行缝纫，展现真实缝纫后服装的虚拟效果，为设计人员和样板员提供参考。三维数字缝合技术能够对二维服装 CAD 软件生成的纸样进行读取，并能对纸样进行修改，同时能显示出二维纸样的三维效果。该技术是当前服装三维 CAD 的重要组成部分，也是服装行业最为常用的三维数字技术。

（四）三维数字化 T 台秀

利用三维虚拟模特的 T 台表演，可完成三维虚拟服装的动态展示。三维数字 T 台秀的制作，涉及电脑游戏中的成熟技术，其中包含了虚拟模特的走动，多层服装以及服装与身体的碰撞探测等内容。

第二节　服装数字化设计的优势

基于互联网信息技术，服装数字化设计整合、管理和应用互联网上的数字信息，并以此为基础，利用专业的措施，整合服装企业的资源配置和款式设计风格等等，从而实现服装企业的利润最大化，为服装行业的发展提供保证。

服装数字化设计过程采用了机器、计算机软件等数字化设备和数字化技术代替人工测量数据、绘图、制版等步骤，可以提高数据的准确度，细化和提升绘图效果，改进传统设计流程，缩短工时和简化生产流程，节约成本和耗材，强化零浪费设计的优势，实现“多款式、少批次”的生产模式等，解决了人工能力受限的问题。服装数字化设计还有助于推动市场的开拓，对流行趋势的分析预测也能以更精准、更全面的数据和算法为基础，得到更准确的结果。与传统的模式相比，服装数字化设计的表现手法有了极大的丰富，设计元素与时尚潮流、市场需求的结合变得更加紧密和充分，设计师的思想可以以更多的方式来表达出来；在进行数字化调查和分析预测的时候，还可以提高以消费者群体为基础的市场需求分析和整理水平，提高用户的互动体验，从而为跨行业协作策略的制定和实施提供了更多的可操作的空间[33]。

在服装行业数字化升级的过程中，人工智能、虚拟现实和区块链技术不仅可以在服装创新设计和市场营销转型等领域中获得发展，还可以让服装行业在数字经济时代中拥有更多的优势。其中：人工智能可以融合运用在功能服装的设计中，还可以利用与其他行业智能产品的联动作用，自主整合数据，预测和计算时尚趋势和市场需求方向；虚拟现实技术可以极大地降低调整制版与穿版效果之间差异的重制工序和成本，利用虚拟试衣功能，可提高用户线上购物体验与真实感，对品牌服饰线上展示、宣传效果与途径进行优化；通过区块链的形成，服装企业可以实现供应链的透明性、可追溯性和高效性，提升对用户群体喜好、消费历史、售后服务等方面的管理水平，从而保护设计师的原创版权和消费者的资产安全。

此外，服装数字化设计还加快了世界范围内设计资源、设计理念和设计技术之间的交流和协同发展，有效推进线下资源传递和线上资源的有序分类整合。这也是在数字时代下，服装设计领域能够迅速地进行转型升级的一个重要原因。随着“云”行业的不断发展，服装数字化设计结果的保存也越来越方便，越来越完善，不但可以进行多个位置的备份，而且还不用担心实体图纸因为外部因素而模糊或损坏。

（一）忠实记录

在非物质文化遗产的保护方式中，记录型保护是一种不能被忽视的方式。记载的价值就是为了保存，如果过了一千年，记载的结果就会成为后人研究的重要基础。如果不能及时地记载下来，许多东西就会淹没在历史的长河里，因此，记载的价值是不可估量的。记载的核心与实质就是在"真实"的基础上尽可能地保留与恢复一件事的"真实"，这一"真实"的原则离不开技术的支持。以文字记事为主的传统记事方法，经过数千年的发展，在当时的历史中起着举足轻重的作用。但是，它也存在着一定的限制，很多珍贵的文献因纸张的发霉、陈旧而不能被查阅，而且利用与流传的效率也不高。

随着时间的推移，摄影和视频成为重要的动态和静态记录手段，如中国社科院在 1950 年代所拍摄的一组少数民族志照片，对少数民族的民族特征、风俗习惯和宗教信仰等进行了较为全面的反映。尽管因为技术的限制，他们当时只能拍下黑白照片，并且因为年代久远，加上人为的磨损，照片的画质并不好，但是这些照片仍然是非常有意义的，其还原出了少数民族的民族特征、风俗习惯、宗教信仰等方面的信息，为后人研究国家文化提供了很好的参考。在信息化的今天，数字档案已经被越来越多地应用于生活中的各个领域，并且对文化遗产的保护起着越来越大的作用。它最大的特点是，只要有了记载，不但可以长久保存，还可以借助网络进行全方位的传播和传承。

（二）海量存储

目前可供选择的存储媒体有机械硬盘、磁盘阵列、服务器、云存储等。目前，普遍采用的是机械硬盘，因为其价格便宜、性能稳定，能很好地保存视频和音频。随着技术的进步，单个硬盘的存储容量越来越大，价格也越来越便宜，且具有更高的存储密度和更快的读取和写入速度。利用 OptiCache 技术，机械硬盘的读取 / 写入速率达到 210 MB/s，连续读取 / 写入速率达到 156 MB/s，在突发性读取与连续读取 / 写入性能方面也都有很好的表现。磁盘阵列能够将多个单体磁盘进行集中管理，一般的磁盘阵列存储容量可达 10 T 甚至更大，并且还能够持续地增加；而服务器拥有更大的存储容量。从理论上来说，如果你的硬盘容量足够大，那么你可以在很长一段时间内，保存高品质的影像资料。

另外，一些企业还推出了云存储业务，为用户提供了一个在线的虚拟空间，用户可以随时进行上传、下载和删除，也可以随时进行共享。比如，百度发布了"百度网盘"，它既提供免费的云端存储，也提供有更好用户体验的收费服务，实现了对大量图片和视频的存储。

随着科技的进步，储存媒体的体积越来越小，存储容量越来越大，存储方式也在不断地更新换代。"汗牛充栋"的数据用一块小小的晶片存储已不是空穴来风。对黎族传统的纺织、染、织、绣等技艺进行存储时，若深入到某种程度，其所包含的信息量将十分庞大，单纯依赖于实体空间，所能容纳的信息量十分有限。通过采用硬盘、光盘、云端等多种存储方式，可以实现对传统技艺的完整过程、独特技巧、原材料选择等的数字化存储，具有数据安全、长久保存等优点。

(三)完整记录

非物质文化遗产是由众多具体的文化事件所组成的,其内涵、形式都十分丰富,而且与特殊的生态环境密切相关。档案数字化后,能够实现档案的整体性、一致性,这是档案数字化的最大优点。它不仅可以用影像来记录手工艺的外在表现,如手工艺的生态、手工艺的环境、手工艺的过程、手工艺的经验等;还可以用视频和音频对其隐性的内涵价值进行解释,比如信仰禁忌、消费习俗等,并且不受时间、地域和人为因素的影响。

(四)长久保存

数字装置的特点决定了其可长期保存。通过数字转换技术,将非物质文化遗产资源转化为数据资源,并将其存储在服务器、光盘和硬盘等不同的媒体中。从理论上来说,只要这些媒体不被破坏,数据就能被长久地保存下来。同时,数字技术本身的特性使其能够完成多个备份、多次拷贝,从而避免了意外的损失。伴随着城市化的发展,原本生活在农业文明土壤中的传统技术,开始慢慢消亡,纵然有一些具有代表性的传承者,但想要继承他们的技术,也是千难万难。这其中的弊端,正如前面所述,实物虽然可以长久地保存下来,但是静态的陈列却很难反映出传统技艺的动态特性和时代特性。同时,在现代社会中,传统的保护方法也出现了一些"伪保护",如变异和歪曲等。而数字存储技术却能解决这个问题,在设备条件允许的情况下,数据信息可以长期保存。

(五)高效传播

互联网在沟通方面有其与生俱来的优点,它不仅是即时的,也是快速的、方便的。同时,它还可以按照用户的需求,为用户提供多种形式的交流渠道,如网上博物馆、网上教育、电子杂志、寓教于乐的游戏等。与传统的传播方式相比,网络传播方式有了很大的变化。不同的传播方式已经开始兼容,相同的内容,可以通过电视,也可以通过网络或移动互联网传播,这是由于不同的媒介都可以对内容进行识别。与此同时,博物馆与研究机构之间的数字资源交流也更加方便,通过互联网实现传统文化的传播,具有易接受、易传播的特点。简而言之,网络传播方式具有更容易被人接受、更容易被人传播、更快、更有影响力等特征。

(六)互动性好

互动主要是指人与计算机、多媒体等设备进行交互。对于数字转换后的数据,使用者不仅包含了科研人员,而且还包含了一般使用者,各人群的需求也各不相同。多媒体或者计算机可以为用户提供多种互动方式,可以体现出个性化和人性化的特征。用它不仅可以对各种资料进行检索、下载和复制,还可以进行浏览、阅读和评论,让需要者得到他们所需的信息。这些互动方式采用一种简便快速的方式,可以对参与者的各种信息和要求进行及时的解答,具有及时性、参与性和互动性,这是传统互动方法所无法做到的。

(七)寓教于乐

数字资源可以发展出多种有趣的形式,使参加者更容易接受和学习,通过寓教于乐,获得更好的认知效果。在将保护对象进行数字化之后,再通过软件进行开发并制作成动画、游戏、Flash 文件等，这种方式深受青少年尤其是中小学生的欢迎。而对年轻人来说，将数字化非遗资源作为一种数码娱乐方式进行推广，可以起到教育和娱乐的作用。

（八）利于管理

数字管理是数字文物保护的一种重要手段，这是数字文物本身的特性所决定的。数字管理是一种标准化、系统化的管理方式，通过数据库的运行规则，对收集到的各种信息进行分类整理。数字管理将繁杂、多样的数据信息，通过数据库进行分类、整理，从而实现对数字化信息的规范管理，并便于查询。数字化管理可以有效地提高管理的科学性、规范性和系统性，从而避免了在传统的人工管理模式下，数据信息的效率低下、难以及时检索和归类等缺点。

（九）易于修复

数字化复原，主要是指对含有非物质信息的实体，进行基于虚拟技术的复原与仿真示范。以往，该技术多用于实物博物馆中对文物进行虚拟复原。事实上，有形的实物常常包含着无形的信息，数字复原不但可以应用于有形的博物馆，还可以应用于有形的文化遗产的保护。比如，黎族传统的锦缎、龙纹被、双面绣等在长期的保存过程中，因人为或自然因素的影响而产生了一定的损伤与缺失，而数字化恢复则是利用图像处理软件将这些物品的形态还原出来，使其呈现出直观的形象。当然，数字修复并不意味着重新构建，它只是将受损的部分补全，与实体的修补不同。数字修复技术可以对文物进行虚拟恢复和仿真展示，相对于传统的实体修复技术，具有成本低、效率高、展示方便、不对文物造成物质损害等优点。

（十）利于研究

随着网络、大数据等技术的快速发展，人们在网络上的交往逐渐摆脱了时空束缚。信息资源的共享，使得科研工作者可以在不离开家的情况下，在互联网上搜索、查找他们所需的有关资料。科研人员可以利用大数据进行关联分析，迅速找到可能的研究热点，既可以提高科研人员的工作效率，又可以发掘出新的研究领域。

（十一）开发利用

非遗服饰、宗教信仰，以及锦缎的图案样式、色彩搭配、原生态的染色和棉纺技艺，都是当代文化创意的源泉。将数字化的非遗信息在网络上进行传播和展示，这有利于生产企业和旅游公司按照市场需求进行调整，吸收传统文化精华，开发出具有民族特色的文化产品和民俗文化旅游景点，进而推动产业结构的调整升级[34]。

因此，将传统的非遗化技艺通过数字化的方式来实现可保护、可传承、可利用，顺应了时代潮流的需要。随着互联网、云存储和大数据等技术的深入发展，互联网用户数量持续增加，其中发展中国家是使互联网发展速度加快的主力军。随着互联网时代的来临，现在的年轻人已经完全不能离开互联网，尤其是基于手机的移动互联网。在这一次的融合和碰撞中，各行各业都在进行着一次又一次的重组。我们正处于网络转型的曙光时代，未来的发展趋势是跨界协作，如果不能及时地对传统文化进行资源整合，并借助网络这个快速通道，那么就会错失很多机会。

第三节 纺织非遗数字化设计现状分析

传统的纺织类非遗产品制作过程存在着周期长、劳力多、成本高等问题，这对促进其市场化进程产生了很大的影响。在工业上，解决这个问题的方法是在保持传统技艺的基础上，对材料、工具、工艺等进行创新，并与现代技术相结合。从设计的角度来看，纺织类非遗在发展的时候，应该把时尚的设计与非遗的元素融合到一起，这样才能让它在外形和功能上都符合人们的需要，更好地融入当代的生活，让它在新时代里熠熠生辉。创作的创意必须符合市场的需求，特别是符合年轻人的需要，只有让他们喜爱，才能更好地推动非遗产品的市场化、产业化。

一、非物质文化遗产数字化保护的必要性

在现代工业文明的影响下，人们的生活方式发生了变化，人们对传统手工艺的需求越来越少，从而造成了手工业者的数量越来越少，相关技术也随之消失，从而造成了后继无人的局面。随着城市化的迅速推进，产业的简单、低俗化使民族民间技艺逐渐丧失了其原有的特色，对其保护与传承提出了严峻的挑战。此外，现有的数字保护方法也存在着不科学、不合理、粗放、简单化等问题，使得一些具有代表性的工艺技术得不到有效保护。从社会发展的角度来看，传统手工业在当代社会中日渐式微，这是一种不可逆转的趋势。所以，对其进行适当的保护就显得尤为重要[35]。

当地政府和学术界提出了多种保护措施，包括名录保护、立法保护、研究性保护、宣传式保护、民间参与式保护、活态保护、祭祀场所保护、文化街区保护、民间收藏式保护以及生产性保护等。在这些措施中，生产性保护已经成为理论界和各级政府制定经济发展政策时所关注的一个热点问题。工业化保护促进了资源优势的转变，大量私人企业、工场和生产型企业出现。但是，有些企业在追逐利益的同时，却放弃了对传统手工技艺的研究，使其变成了对传统技艺消失与变异的加速因子。除此之外，也有场馆收藏式保护，具体涉及社会博物馆、村寨博物馆、生态博物馆等。这些博物馆是以收藏、展示、研究为主要工作内容的，它们将重点放在了文物的展示、研究与保护上，但是在包含技艺性内容的非物质文化保护方面，却显得力不从心。

在传统农业时代，传统的非物质文化遗产已不能满足当今时代的需要，有人对其进行了“二元论”处理，一是对其原始生态的还原，二是对其进行数字化的还原与再现。原生态是指在西方发达国家的保护方法基础上，以创建生态保护区的形式，对原生态进行原生态地复现。数字化还原和再现指的是运用现代信息技术和网络技术，经过数字化的转换，把无形的非遗文化形态转变成计算机可识别的数据和代码，然后用数据库对其进行保存，并在网络上进行传播和利用。尽管这种非此即彼的二元理论过于简单化，但其最终还是提出了用数字还原和再现非遗原生形态的思想，为非物质文化遗产在当前的情境下寻找到了一条新的生存之路（图4-1）。

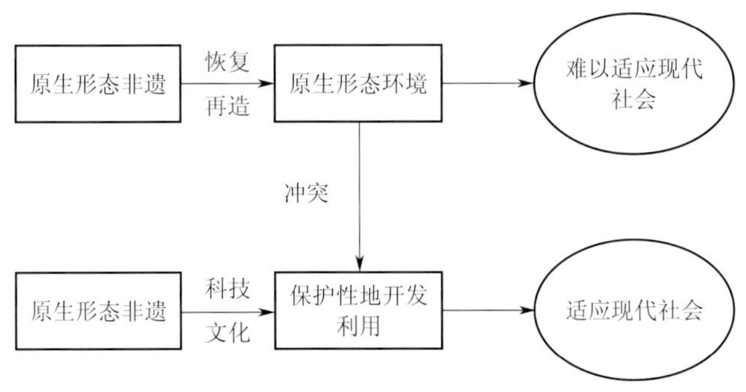

图 4-1　原生态非遗活化路径

二、非物质文化遗产数字化保护的可能性

在"互联网 +"理念兴起的背景下，我们要思考如何在大数据背景下，通过现代数字化信息技术，实现对文化遗产的数字化，让传统民族手工艺充分发挥其资源优势；与网络相结合，更好地进行宣传，让人们对传统手工艺有更好的认识；让研究人员和大众再一次认识到乡村手工艺在民间的价值，从而突破时间、空间的局限，让有兴趣的观众可以近距离地"体验"到传统文化的魅力。同时，它也是现代信息科技在文化保育中的深入运用。

技术的介入既包含了对传统手工艺资源的采集、保存、开发、利用、传递、整理、传播、服务等方面，也要将这种技术开发利用，成为非物质文化遗产独特的保护方式。在网络环境下，具有鲜明个性的传统文化可以极大地扩展自己的影响力，提升自己的文化软实力。同时，国家可以利用大数据对文化资源进行实时监控，这也将成为非遗保护计划中的一项重要内容[36]。因此，对以数字形式保存的文化资源的方法进行研究，既有学术价值，又有历史价值，更有现实意义。

利用数字化技术，将会给我国传统文化的发展带来深刻的影响。列奥纳多五百年前曾有一句名言："艺术可以借助于技术的双翼翱翔于天空。"同理，在科学技术的帮助下，民族传统文化也可以展翅翱翔，而且可以创造出新的形式和新的结果。科技是一种文化的特殊形态，它在社会生活中起着不可忽视的作用。科技既是各种不同形式和类型的文化交流的依据，又是推动民族传统文化更新和现代化的"催化剂"[37]。现在，数字技术已经被应用到了各个文化领域，许多珍贵的文化都得到了有效的保护。如对敦煌壁画进行三维记录，对张择端《清明上河图》进行数码化记录，为珍贵的文物提供了全新的形式，既对文化保护有益，也对科学研究有益。数字技术在文化保护中发挥着重要作用，既能推动传统文化形式的再生，又能推动传统文化的传承、发展与转型升级。

我国信息化技术的整体水平并不高，信息化技术与文化领域之间的融合也不是很密切，信息化技术与文化遗产保护之间的关系是"两张皮"。数字化技术缺少了文化载体的支撑和运用，从而导致其缺少了应有的文化活力。由于缺乏相应的技术支持，文化遗产更容易在网络社会中被边缘化。当前，民众不但缺乏对自身民族传统文化的掌握与了解，而且在传承与运用上也似乎无能为力。数字化保护不但对保持非物质文化遗产的原真性和活动性具有重要的意义，还对更广泛的传播、共享与研究起到了有益的作用，从而达到不断传承发展的目的。

如何把数字保存方法与传统手工艺保存方法有机地融合在一起，成为一种内在化的保护与传承方法，是一个崭新的课题。尽管已经有一些学者对此进行了研究，但是他们仍然缺少理论上的支持，或者说，他们的理论远远落后于实践。当前，我们亟须对其进行系统化的理论归纳，为今后的具体操作奠定基础。

在我国非物质文化遗产的数字化保护实践中，存在着三种趋势：一是注重技术上的发展，而忽视了保护原则等问题；二是对传统文化的重视程度较高，对传统文化在数字环境下的传承利用、教育传播等方面的措施重视不足；三是缺乏对传统文化个性化特征的足够重视，仅注重数字技术标准的制定和保护实践的规范，而忽略了传统文化的个性化特征[38]。所以，如何避免将非遗数字化的保护模式变成技术的附庸，将其内化到非遗本身的生命中，并将其数字化的内容进行应用，进而达到传承和发展的目的，是当前非遗数字化保护领域的研究方向。数字化保护并非单纯的科技加人文，它所研究的也不仅仅是对传统手工艺作品的数字化再现问题，它还涉及数字化保护这一技术手段，怎样才能在保护与传承两个方面发挥出基础性和工具性的作用，怎样才能将传统工艺内化为自己生存的一种方式。尤其在“大数据”“互联网+”等背景下，如何将传统手工技艺的文化优势转变为经济、发展的优势，突破传统手工技艺的保护模式，使其成为一种内在的生存模式；如何将其文化优势向经济、发展优势转变，突破传统文物保护模式的瓶颈，提高文物的永续保存和利用的可能性，都是值得研究的重点问题。

一些学者已经提出，未来将是一个大数据时代，他们认为，大数据将会在文化遗产保护和利用领域中发挥出巨大的作用，大数据和“文化遗产保护+”为传统手工技艺的传承提供了更广阔的发展空间。在此，我们要重点关注的是“文物+数字”“文物+网络”，而非“互联网+”，这一点，我们要重点关注。保护是最基本的目标，数字化和网络是技术和手段，这不但要解决数字化保护方式的技术性方法，还要对当前的政策、社会和人文精神的取向给予重视。

当前，我国的信息产业缺少了文化内涵，优质的文化内容与文化产品之间存在着不对称、不匹配等问题。造成这种现象的原因并不在于其数量，而在于其利用程度。当前，文化内容空洞、贫乏已成为信息产业发展的瓶颈，这主要是由于缺乏对传统文化的阐释和挖掘，其根源还在于对传统文化的利用程度较低。便利的网络已经渗透到了人们的生活中，现在的年轻人，已经无法离开手机、电脑、iPad等数字设备。人类的生活日益走向智慧化，日常的衣食住行、娱乐学习等都越来越多地依赖于网络。然而，传统文化的传播和利用还远远滞后于智能化社会的发展，还远不能满足广大科研人员和普通群众对传统文化的需求。

互联网仅仅是一种工具，其真正意义在于使信息的传递与处理更加便捷，如果没有内容，互联网就成了无源之水、无本之木，也就丧失其生存的价值。文化信息如果不能借助互联网，就很难被广大民众认知。因此，对优秀的传统文化进行系统整理，挖掘其文化价值，借助科技力量大放光彩，成为政府和学者们面对的迫在眉睫的问题。

研究“文化遗产保护+”，即民族传统文化借助数字技术达到保护与传承的目的，必须探讨影响二者融合的条件、因素及其实现方式、路径选择，以及平台的搭建和传承的适用渠道，这样才能更有助于实现数字技术与民族传统文化的融合，防止始终停留在理论的探讨层面。只有借力发力，实现双向互动、渗透融通，才能实现二者的协调发展。

第五章　CLO 系统简介

CLO3D 是一种三维虚拟试衣软件，可以帮助设计师在电脑上进行服装的设计、模拟和修改。它可以模拟不同的布料、纹理和颜色，使得设计师可以更加直观地了解他们的设计效果，并且可以在不同的尺寸和形状的人体模型上进行试穿和调整。

目前，国内外对于 CLO3D 的研究主要集中在以下几个方面。

服装设计和生产方面：CLO3D 能够提高服装设计和生产的效率，降低成本；因此，许多研究人员正在探索如何将 CLO3D 应用于服装设计和生产。

虚拟试衣方面：CLO3D 可以在电脑上进行虚拟试衣，避免了传统试衣的时间和成本；因此，一些研究人员正在研究如何改进 CLO3D 的虚拟试衣功能，使其更加真实。

人体建模方面：CLO3D 需要使用人体模型进行试穿和调整；因此，一些研究人员正在研究如何改进人体建模技术，以便更好地适应 CLO3D 的需求。

总的来说，CLO3D 在服装设计和生产领域具有广泛的应用前景，同时也需要不断地进行技术创新和改进。

第一节　CLO 系统界面认识

以 CLO3D 6.2 版本界面为例，CLO3D 系统的界面主要由菜单栏、图库窗口、历史记录窗口、工作窗口（2D 窗口和 3D 窗口）、物体窗口、属性窗口、模块库窗口和模式窗口组成，如图 5-1 所示。

图 5-1　CLO3D 系统界面

一、菜单栏

菜单栏从左到右依次为:“文件”“编辑”“3D服装”“2D板片”“缝纫”“素材”“虚拟模特”“渲染”“显示”“偏好设置”“设置”“手册”。

二、图库窗口

在图库窗口中,用户可以快速调用常用文件,点击增加“+”按钮可以增加常用文件夹以方便使用,双击文件夹内的缩略图可以打开文件。

三、历史记录窗口

单击历史记录可以调出历史记录窗口,单击右上角“添加”按钮可以增加历史记录,选中一个历史记录后再次单击可以更改其名称,快速双击历史记录可以读取该记录。读取历史记录后,系统会回到该历史记录位置,并删除当前记录。

四、模块库窗口

单击模块库窗口显示模块化配置器,可以按照需要调用素材库中的各类服装并自由搭配;打开文件夹,并选择需要的服装类别,在下方窗口可以看到服装将被分为几个部分,可以根据需要进行组合。

五、工作窗口

工作窗口分为2D窗口和3D窗口,分别显示2D板片和3D服装。3D窗口和2D窗口左侧都有垂直试图菜单和垂直视图工具栏。垂直视图菜单用于调整窗口显示设置。垂直视图工具栏中是制作2D板片和模拟3D服装时需要用到的工具。用鼠标单击工具图标可以选择相应的工具,工具图标右下角有“三角形”图标的工具,可以将鼠标悬停在该工具上并长按,可展开该工具。

六、物体窗口

物体窗口显示的是我们在制作服装时使用的所有要素。单击物体可以编辑该物体的属性。我们在制作一件服装时,往往需要用到许多不同属性的面料或辅料等,单击“增加”按钮,可以增加一个新的默认属性的物体;然后选中需要更改面料的板片或辅料,单击物体右侧“下载按钮”即可将属性应用于所选择的物体。

七、属性窗口

属性窗口可以查看、编辑选中对象的属性。在制作过程中,我们往往需要反复调整物体属性使其达到想要的效果。

八、模式窗口

模式窗口在软件的右上角。点击模式窗口右侧的三角形可以展开模式,分别是模拟、动画、印花排放、齐色、面料计算、模块化、UV 编辑、查看齐码、物料清单。模拟模式是我们创建板片模拟 3D 服装所需的模式。动画模式是解算和录制动画所需的模式。在印花排放模式下，我们可以确定定位花的排放。在齐色模式下我们可以实现多个不同颜色的设计，在备注中可以写关于服装的意见方便沟通。当我们使用了面料测量仪测量面料后，进入面料计算模式可以计算生成面料的物理属性。在模块化模式下，我们可以将服装拆分成多个部分并自由组合生成新的款式。在 UV 编辑模式下，我们可以编辑所有板片的 UV，方便在其他软件中制作贴图。

第二节　CLO 系统的导入导出功能

一、导入导出 DXF 文件

DXF 格式文件是 CAD 软件的标准交换文件格式之一。美国服装生产协会（AAMA）的 DXF 格式也是服装行业的通用数据格式之一，目前几乎所有的服装 CAD 软件都支持此格式。CLO3D 可以兼容 AAMA 的 DXF 格式文件，也可以兼容 Adobe Illustrator、AutoCAD 等标准的 DXF 文件。

（一）导入 DXF 文件

在主菜单中，选择“文件 > 导入 >DXF（AAMA/ASTM）”，如图 5-2 所示。在打开文件接口中选择想要导入的 DXF 文件，在弹出的“导入 DXF”对话框中设定具体的选项和参数，如图 5-3 所示。

图 5-2　文件导入

图 5-3　导入 DXF 文件设置

（1）加载类型：选择“打开”板片或“增加”板片。

选择加载类型为“打开”板片时，可以覆盖系统中已有的板片；选择加载类型为“增加”板片时，会保留系统中已有的板片。

（2）比例：选择板片的长度单位。

不同的服装 CAD 软件存储为 DXF 格式文件后，存储的长度单位可能不一样，有时需要选择统一长度单位。例如，富怡服装 CAD 系统导出的 DXF 文件的长度单位是“mm”，而 Gerber 服装 CAD 系统导出的 DXF 文件的长度单位是“inch”。

（3）旋转：调整板片的方向。

不同服装 CAD 软件导出的板片方向不同，有横向和竖向之分，可以通过“旋转”调整板片的方向。

另外，如果要使板片的切割线和缝纫线互换，则选“切割线和缝纫线互换”。板片的基础线和完成线的切换可以在 CAD 软件（导出 DXF 文件时）的导出设定中实现。

（二）添加 DXF 文件

在主菜单中，选择“文件 > 导入（增加）>DXF（AAMA/ASTM）”。在文件窗口中，打开想要添加的 DXF 文件，弹出“增加 DXF”窗口。窗口中各项目的设置参考“导入 DXF 文件”。此功能可以用于合并或者增加服装，如衬衫和裤子文件的合并。

（三）导出 DXF 文件

在主菜单中，选择“文件 > 导出 > 板片外线（DXF）”，如图 5-4 所示。在保存文件对话框里设定保存文件的位置及文件名，然后点击保存，在随后出现的“导出 DXF”对话框中选择导出的 DXF 格式、比例（长度单位）以及是否交换切割线和缝纫线，如图 5-5 所示。

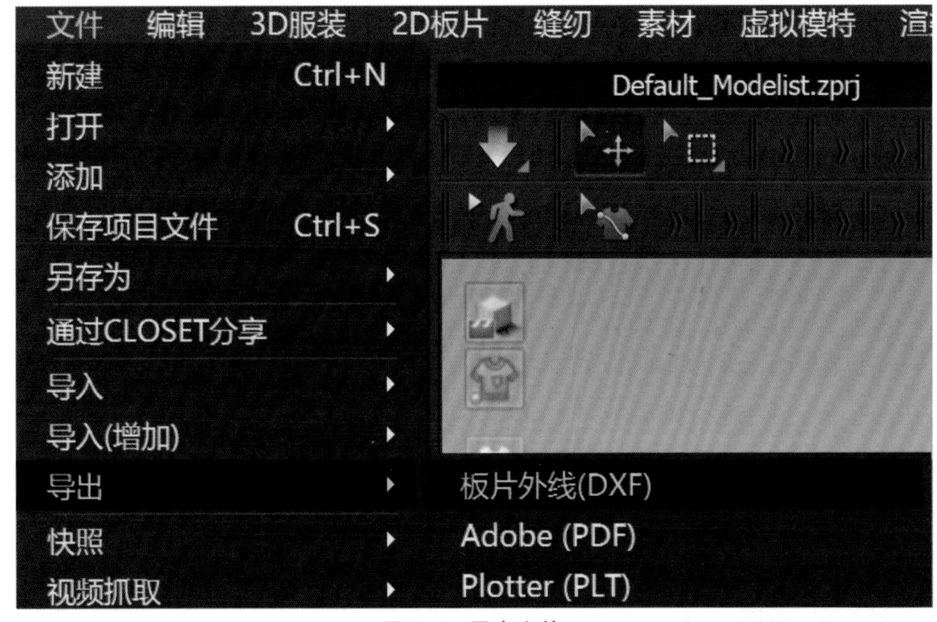

图 5-4　导出文件

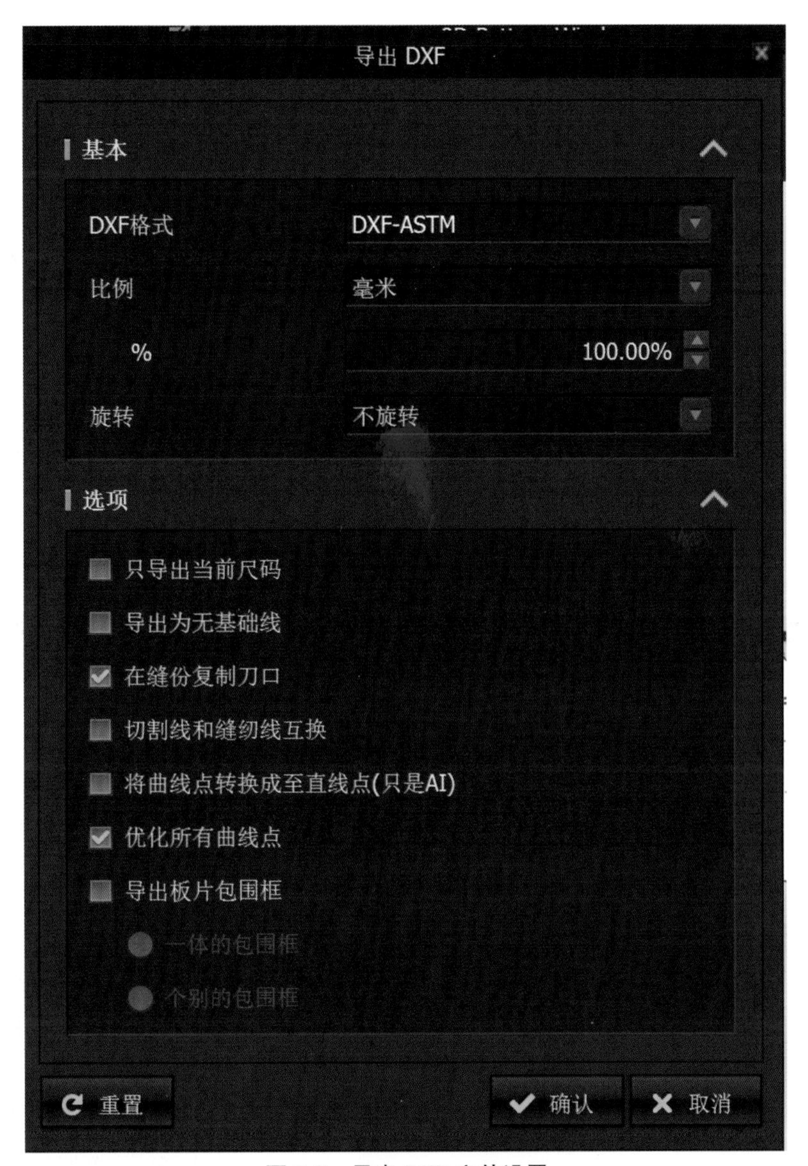

图 5-5　导出 DXF 文件设置

二、导入导出 OBJ 文件

OBJ 文件是三维图形软件的通用文件格式，AutoCAD、3DMAX 等软件可以直接导入、导出 OBJ 文件。三维服装模型、三维人体模型都可以保存为 OBJ 格式。

在 CLO3D 系统中将制作的服装导出为 OBJ 文件时，同时会产生一个 MTL 文件，此文件保存了服装上已设定的面料纹理信息。

(一)导入 OBJ 文件

在主菜单中，选择“文件 > 导入 > OBJ”，在弹出的对话框中选择要导入的文件。然后弹出“Import OBJ”对话框，可以在窗口中设定具体参数，如图 5-6 所示。

图 5-6 导入 OBJ 文件设置

1. 对象类型

（1）“虚拟模特”：导入虚拟模特方式。系统里原来的虚拟模特消失，导入新的虚拟模特。

（2）“导入为附件”：为场景或者道具等附件导入方式。

（3）“添加服装”：为服装导入方式。

（4）“Morph Target”：从原来的物体变形到现在的物体。可在 Morphing Frame Count 栏里输入动画 Frame 的个数。Frame 个数越多，形变的速度越慢。

2. 比例

从 AutoCAD、3DMAX 等软件中导出 OBJ 文件时的单位可能不同，因此需要先选择所需的单位或百分比，需进行导入。

另外，“轴转换”用于设定转换物体的各轴方向。

（二）导出 OBJ 文件

在主菜单中，选择“文件 > 导出 > OBJ”或者“文件 > 导出 > OBJ（选定的）”，弹出“保存文”对话框，输入保存位置和文件名；单击“确定”后，弹出“Export OBJ”的对话框，可以设置各项导出参数，如图 5-7 所示。

图 5-7　导出 OBJ 文件设置

1. 物体

选择想要导出的物体。在目录里可以看到在 CLO3D/MD 上制作的服装 Cloth_ Shape。

勾选“统一的 UV 坐标（PNG）”时，系统会用统一的纹理坐标表现全部的布料，并计算出 UV 坐标。

2. 基本

选择导出 OBJ 文件的单位，如“mm（默认）”。

3. 轴转换

用于转换物体的各轴方向。

4. 文件

用于选择文件保存的方式。

第三节 CLO 的基础操作

一、视图控制

CLO3D 的视图操作包括平移视图、旋转视图和缩放视图三种方式。

(一)平移视图

按住鼠标滚轮，移动鼠标可以平移视图。

(二)旋转视图

按住鼠标右键(2D 窗口中不可以旋转视图)在 3D 窗口中点击一个物体后，可以基于点击的位置进行旋转，该功能被称为对焦；在 3D 窗口中单击右键，可以在弹出的菜单栏中选择预设视角。

(三)缩放视图

滚动鼠标滚轮，可缩放视图。

二、显示模式

(一)快捷键模式

新建：Ctrl+N	恢复：Ctrl+Y	硬化：Ctrl+H	固定针：W
保存：Ctrl+S	撤销：Ctrl+Z	冷冻：Ctrl+K	编辑板片：Z
复制：Ctrl+C	全选：Ctrl+A	反激活：Ctrl+J	编辑弧形：C
粘贴：Ctrl+V	反向选择：Ctrl+Shift+I	删除：Del	加点 / 分线：X

(二)常用的显示模式

显示菜单在 2D 窗口和 3D 窗口的左侧，鼠标悬停于图标上可以看到各选项，如显示服装元素、虚拟模特、压力、应力等；单击图标即可切换不同的显示模式。以下重点介绍几个常用的显示模式。

1.3D 板片显示

3D 板片显示，可以设置板片的纹理表面显示、浓密纹理表面显示、浓密纹理表面(背面)显示、网格显示、半透明显示、黑白显示、随机颜色，如图 5-8 所示。在制作服装时，可以根据需要切换显示模式。

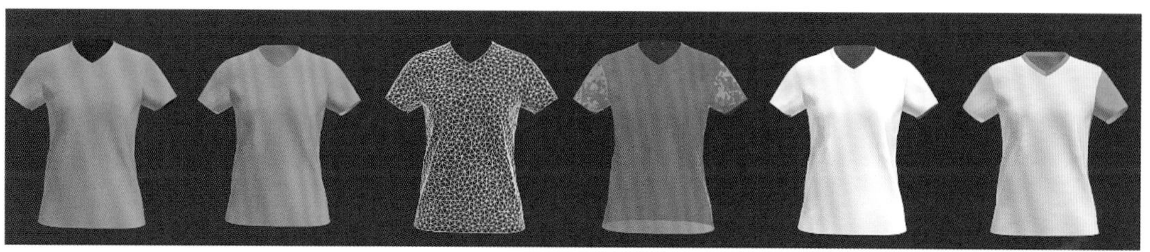

图 5-8　板片显示模式

2. 服装应力、压力显示

服装应力、压力显示效果如图 5-9 所示。

（1）应力图：显示物体内各部分之间产生相互作用的内力，蓝色的部位受力程度最低，红色部位受力程度最高。

（2）压力图：显示的是垂直作用在物体表面上的力，蓝色部位拉升程度最低，红色部位拉升程度最高。

（3）试穿图：可以显示服装穿着在身上时的舒适程度，标黄的地方表示服装比较紧身，为不太舒适的地方，标红的地方表示服装过于紧绷，不能穿着。

（4）压力点：显示服装拉升的受力点。

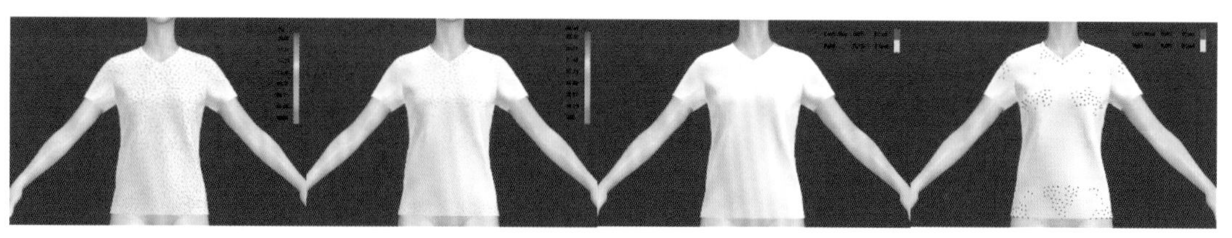

图 5-9　显示板片受力的程度

（三）安排点显示

安排点可以使 3D 窗口中的板片快速被安排在虚拟模特附近，为了提高模拟效率，在模拟服装之前需要将服装的板片安排在对应的点位，以便于检查缝纫关系和减少模拟时出现的问题。在 3D 窗口的显示菜单栏中打开显示安排点，如图 5-10 所示，或快捷键【Shift+F】，在 3D 或 2D 窗口中选中板片，在 3D 窗口中单击蓝色点位，被选择的板片就被自动安排在安排点上，在属性栏中调整板片安排的位置、距离和方向。

> 小贴士：
> 如果有多件多层次的服装建议不要一次性安排，可以从里到外分件安排并模拟，这样可以减少服装之间的穿插问题。

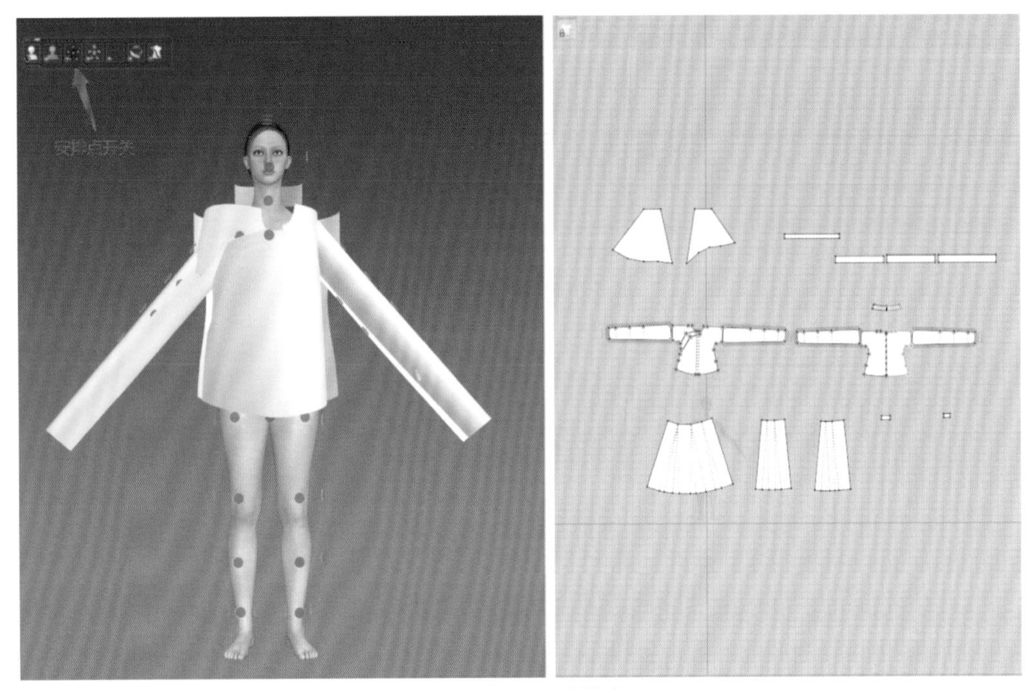

图 5-10 显示安排点

(四)2D窗口背景参考图导入

在2D窗口的显示设置栏中可以设置板片的显示模式。在2D窗口中打开板片的透明显示模式，制作板片时，如果是在板片的要求不高的情况下，为了快捷和方便，可以在2D窗口中右击鼠标调出菜单栏，选择增加背景图片；导入提前准备好的2D背景参考图片，就可以使用参考图画板片了，如图5-11所示。

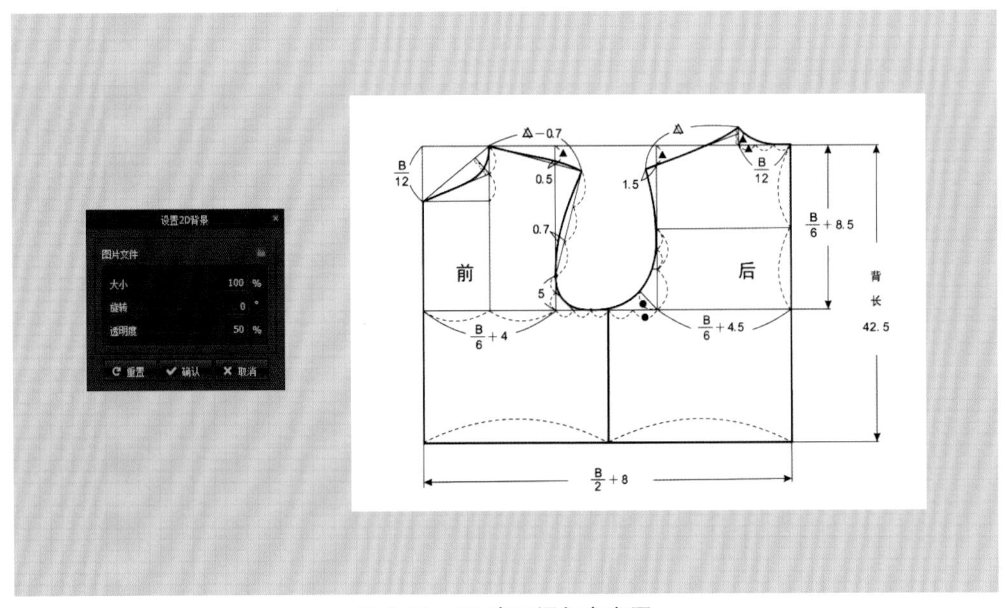

图 5-11 2D窗口添加参考图

第四节　常用的基础工具认识

一、2D 工具

(一)图形创建工具

1. 图形创建

2D 工具栏中的创建图形工具可以创建任意不规则或规则的图形，如图 5-12 所示。选择对应的工具后在 2D 窗口中点击，即可弹出创建菜单栏，输入对应的数值后即可创建图形。使用多边形创建工具时，需要在 2D 窗口单击围成一个封闭的图形。

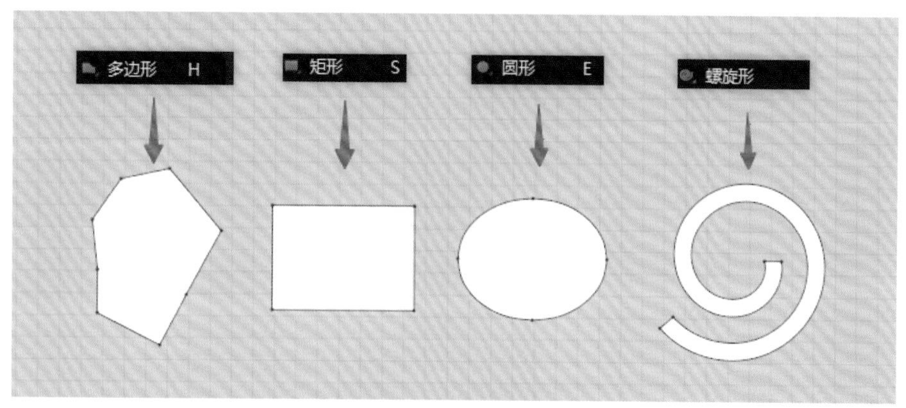

图 5-12　创建图形

2. 内部线创建

内部线常用来缝纫(图 5-13)、分割板片(图 5-14)、设置折叠角度(图 5-15)等。

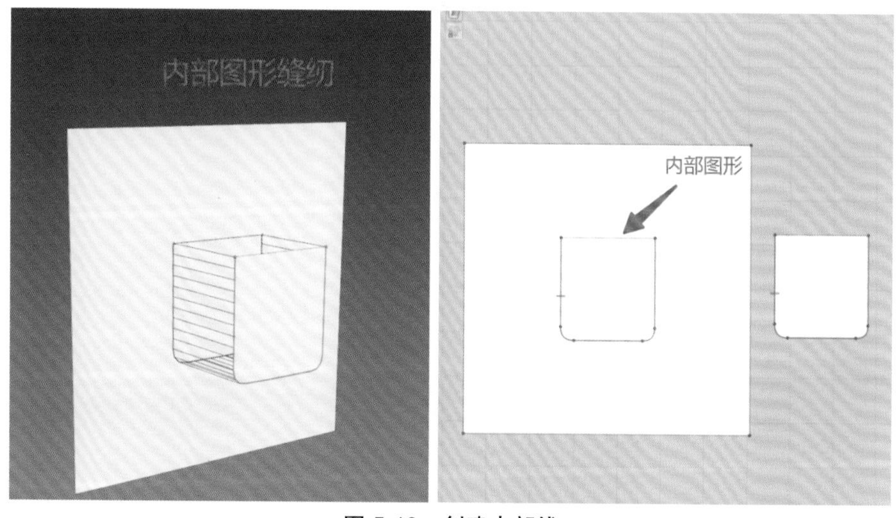

图 5-13　创建内部线

创建的内部线以红色实线显示，如图 5-13 所示。

创建内部线工具和创建图形的工具使用方法一样，需要注意的是内部线只能在板片上创建。

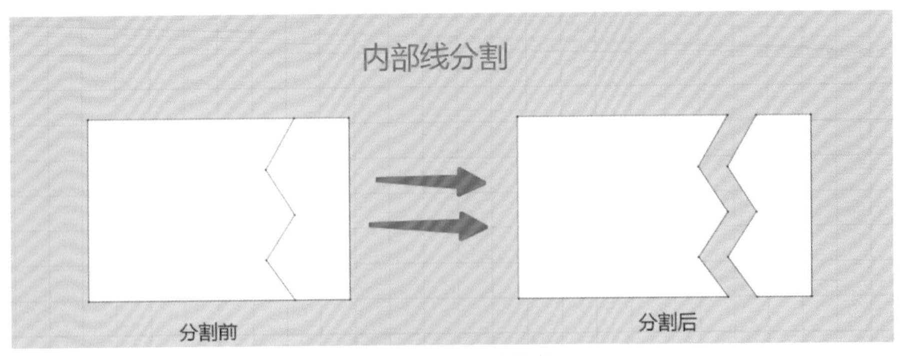

图 5-14 分隔内部线

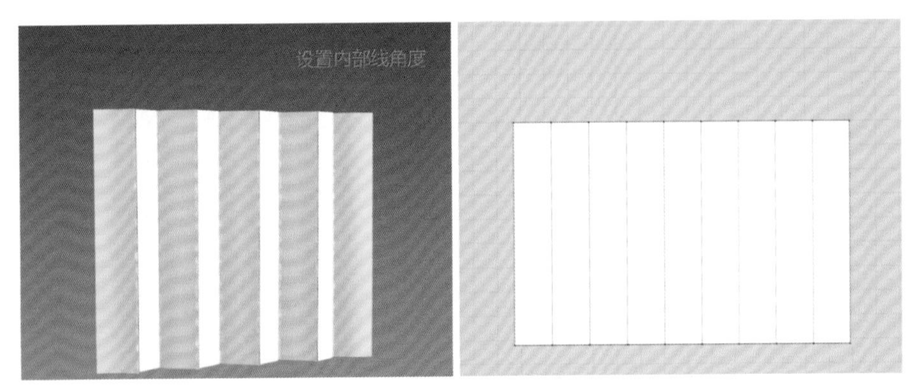

图 5-15 折叠内部线

3. 基础线创建

可以在板片内部创建基础图形，如图 5-16 所示。基础线主要起到了辅助板片制作的作用，不可以直接缝纫，但是可以使用勾勒板片工具在基础线上右击，并在菜单栏中选择将其“切断”“剪切 & 缝纫”“勾勒为内部图形”“勾勒为内部线 / 图形”“勾勒为板片”“勾勒为测量点”等。

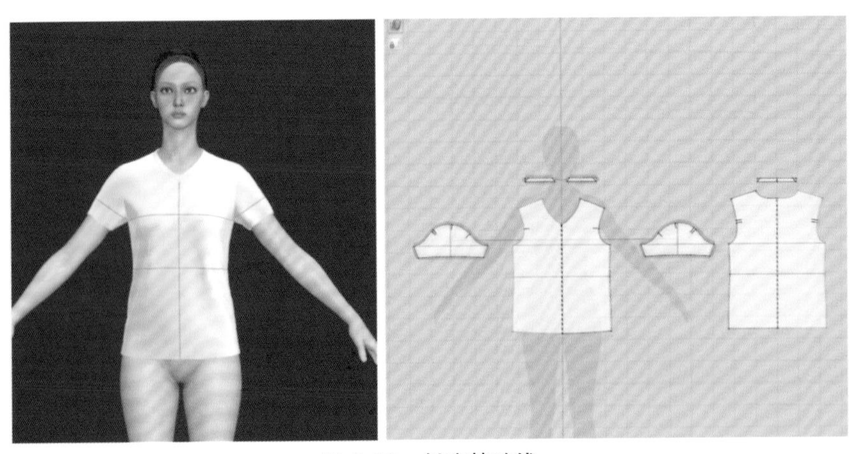

图 5-16 创建基础线

4. 勾勒轮廓工具

可以将图形或基础图形勾勒为单独的板片，如图 5-17 所示。

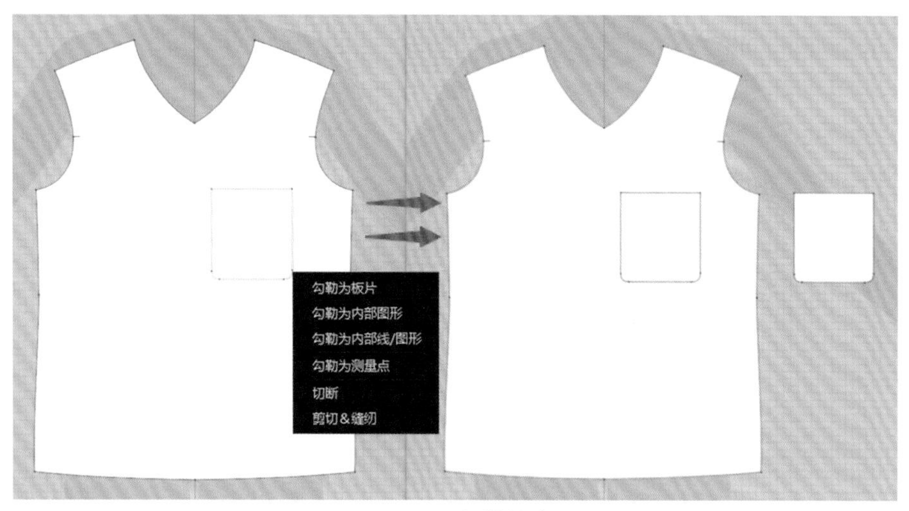

图 5-17　勾勒轮廓

5. 图形编辑工具

1）调整板片工具

可以选择板片并移动 2D 窗口中的板片；可以缩放、旋转板片，双击中心点可以向四周等距离缩放；使用调整板片工具时，将鼠标拖动到板片上可以调出菜单栏，如图 5-18 所示。

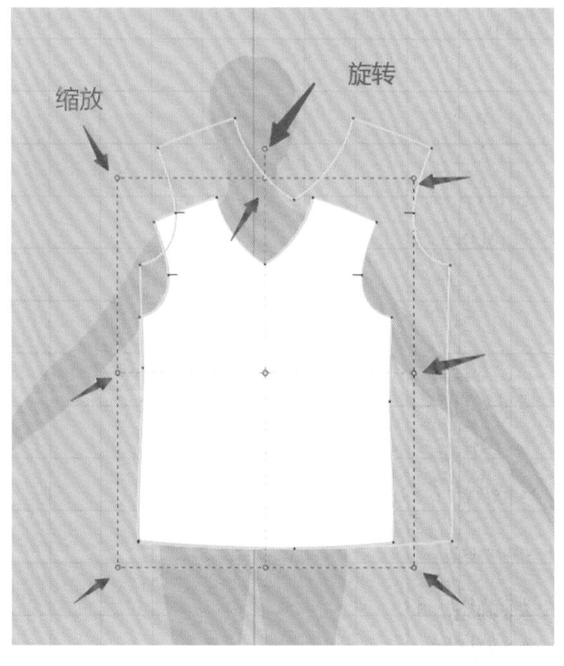

调整轴

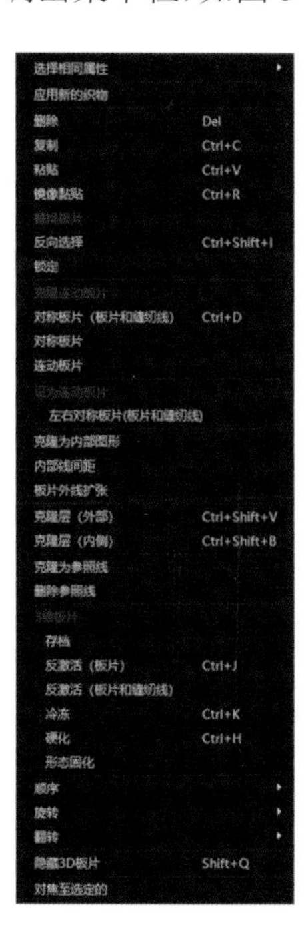

菜单栏

图 5-18　调整板片

2）编辑板片工具

编辑板片工具又分为编辑板片、编辑点 / 线、编辑曲线点、编辑圆弧、生成圆顺曲线、加点 / 分线六种工具。

（1）编辑板片：可以平移板片中的任意点和线（快捷键【Z】），按住【Shift】键可以多选。但要注意平移的位置，不能与其他点重合，否则会移动失败。在 2D 窗口中单击板片上需要移动的点 / 线，然后拖动鼠标。将鼠标停留在点 / 线上，右击鼠标可以调出命令栏，如图 5-19 所示。

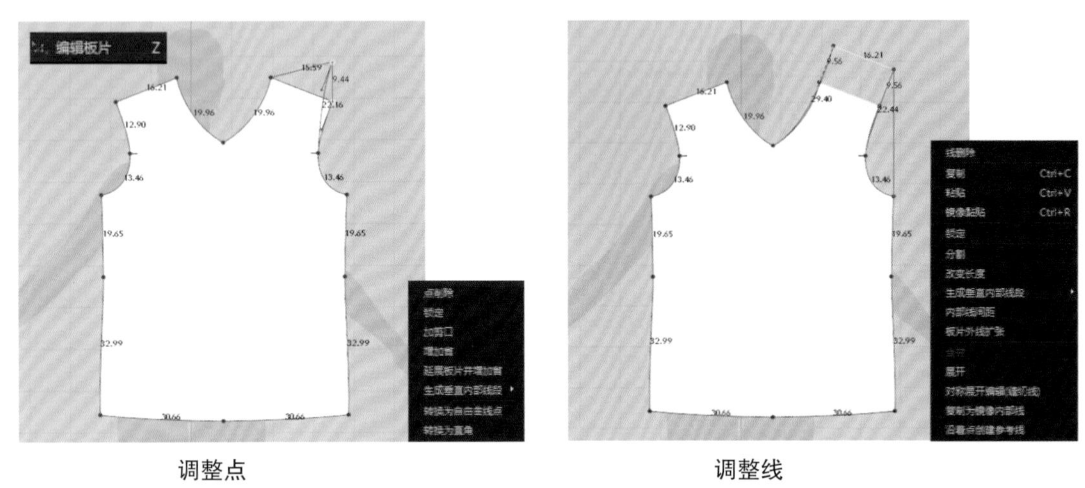

调整点　　　　调整线

图 5-19　编辑板片

（2）编辑点 / 线：使用方法和编辑板片工具基本一致，编辑点 / 线工具可以旋转、缩放选中的边。在 2D 窗口中选择对应的边即可显示缩放、旋转轴，如图 5-20 所示。

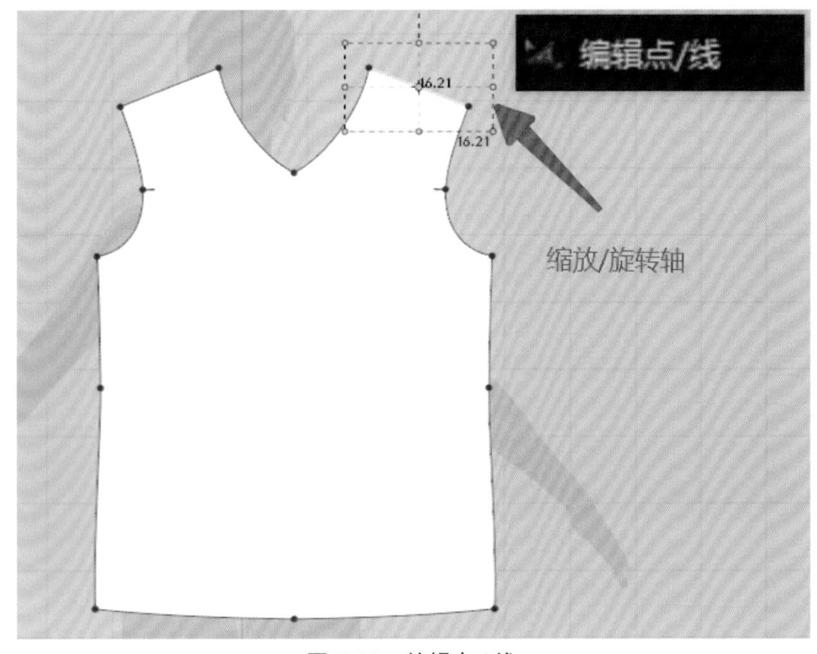

图 5-20　编辑点 / 线

（3）编辑曲线点：可以增加曲线点。选择并移动曲线点（快捷键【V】），找到对应的曲线点按住并拖动鼠标即可编辑曲线点。

（4）编辑圆弧：选择编辑圆弧工具，在 2D 板片中选择任意一条边，长按鼠标左键并拖动鼠标，即可编辑圆弧，如图 5-21 所示。

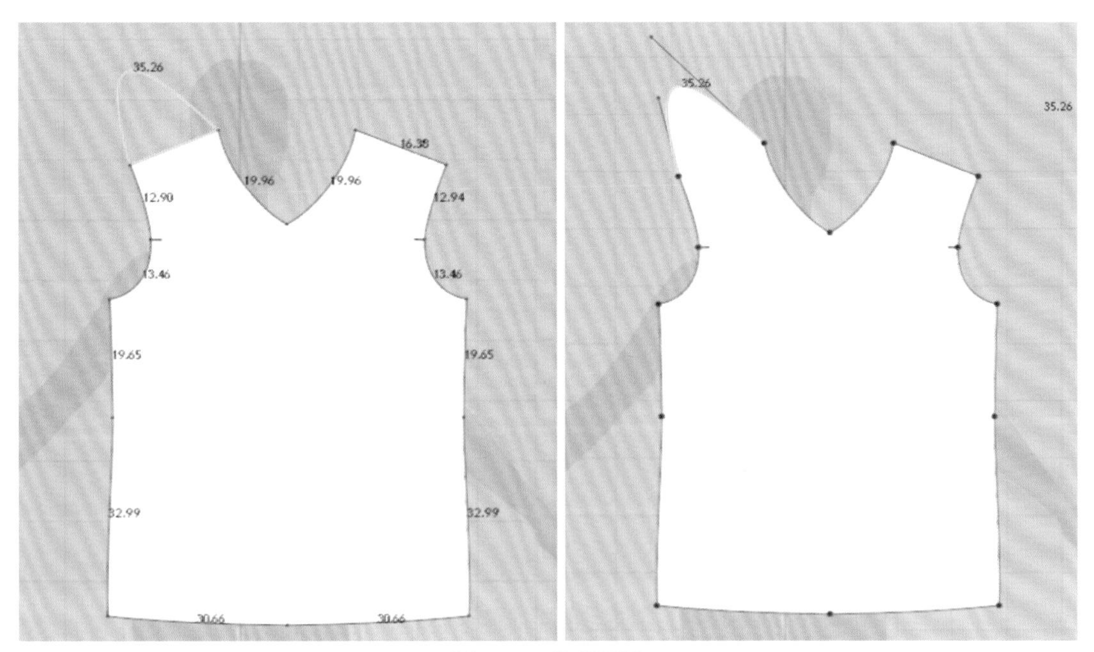

图 5-21　编辑圆弧

（5）生成圆顺曲线：在 2D 板片上选择任意两点连成一条直线，拖动鼠标会发现板片被这条直线一分为二，选择需要编辑的一组线单击鼠标左键，然后长按左键并拖动灰色的轴即可生成圆顺的曲线，如图 5-22 所示。生成圆顺曲线工具也可以用于倒角，单击一个角的顶点拖动鼠标即可完成倒角。

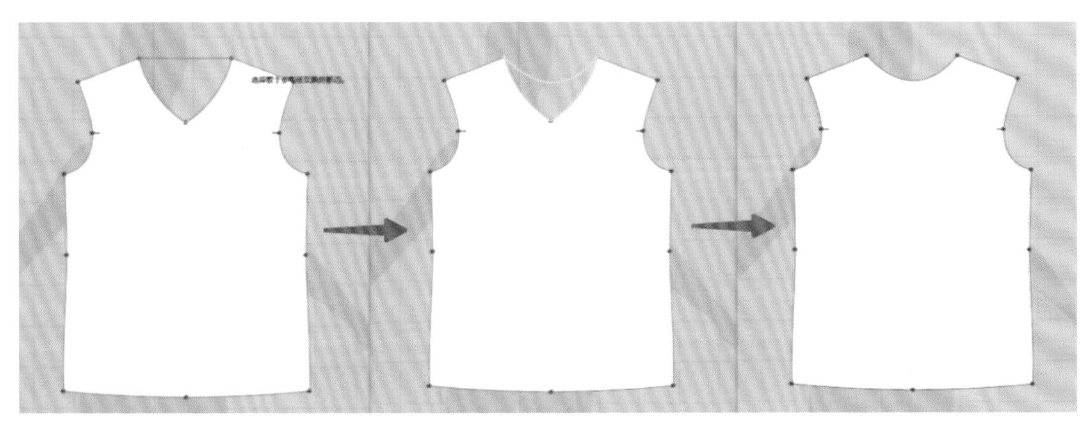

图 5-22　生成圆顺曲线

（6）加点 / 分线：顾名思义就是在板片上增加新的点或将一条线段分割成多条线段。

(二)延展板片工具

延展板片工具的功能是给板片放量、减量。在 2D 板片上选择任意两点，板片会被一分为二，单击需要延展的一组板片，或将鼠标放在分割线上并单击，即可同时选择两组板片，然后拖动鼠标即可将板片放量或减量，如图 5-23 所示。

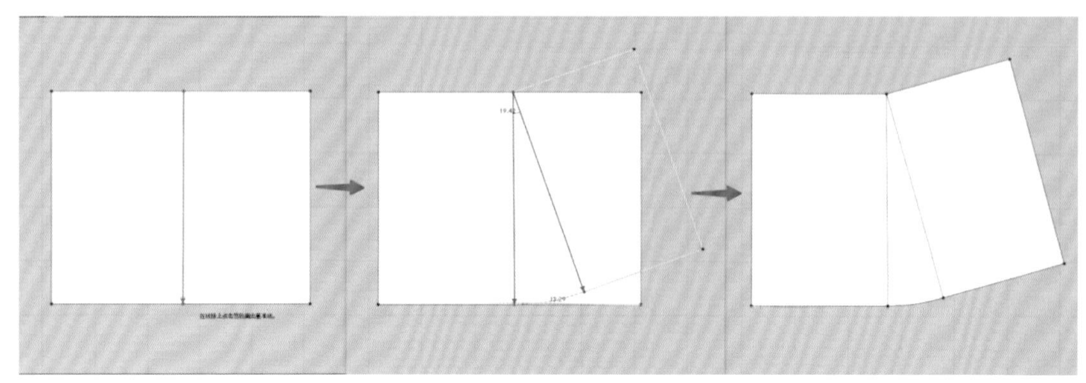

图 5-23 延展板片

(三)设定层次工具

在模拟多层次的板片前，可以先设定板片的层次，以减少模拟时出现的不稳定问题。选择设定层次工具，然后单击连接两个板片，先被选择的板片在上面，后被选择的板片在下面，选中箭头，按【回车】键可以删除层次设定，如图 5-24 所示。

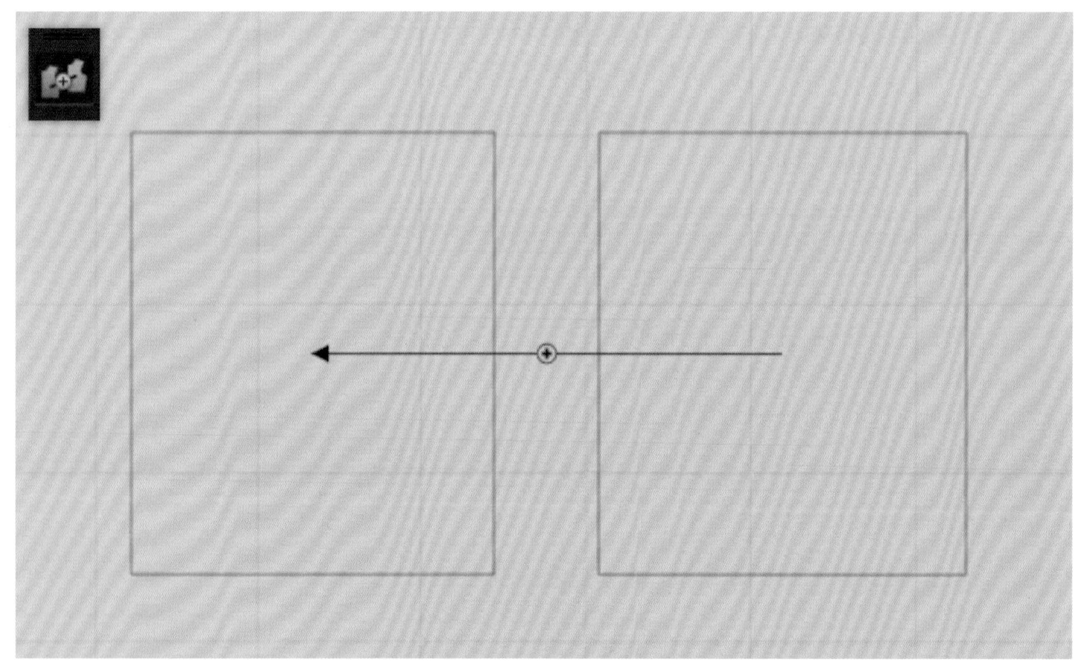

图 5-24 设定板片层次

（四）填充工具

填充工具用来制作有填充物的服装，如羽绒服。使用填充工具单击需要填充的板片，板片将会被复制一层，拖动鼠标将复制的板片放在任意位置，原板片和复制的板片不需要额外添加缝纫线，在属性栏中可以设置填充物的属性，最后开启模拟，如图 5-25 所示。填充物主要分为鸭绒和鹅绒，一共有四个选项可以根据需要选择填充物。下面是质量的输入，填充物的质量我们可以根据要求输入合适的数值，当我们给多个板片设置填充物总质量时，每个板片的填充物质量是按照面积比例进行均匀分配的。接下来输入绗缝宽度，如果绗缝线是规则的、等距离的，那么直接输入数值即可；如果是不规则的，需要输入绗缝线宽度的最大值，填充体积是根据填充质量和绗缝宽度计算得出的。

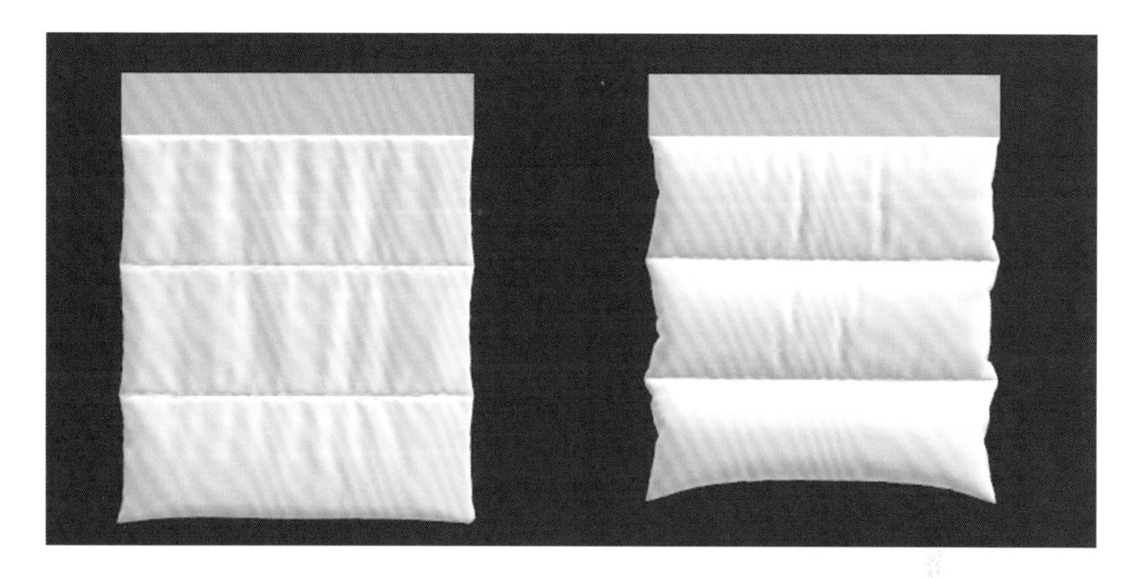

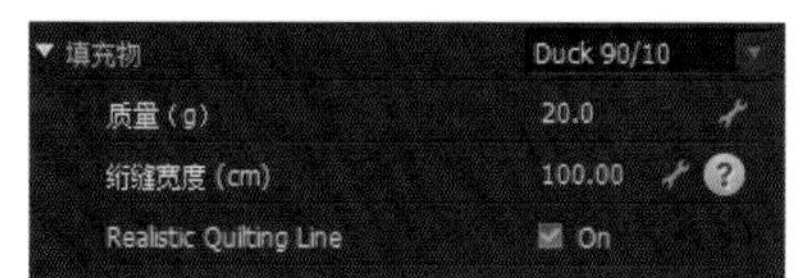

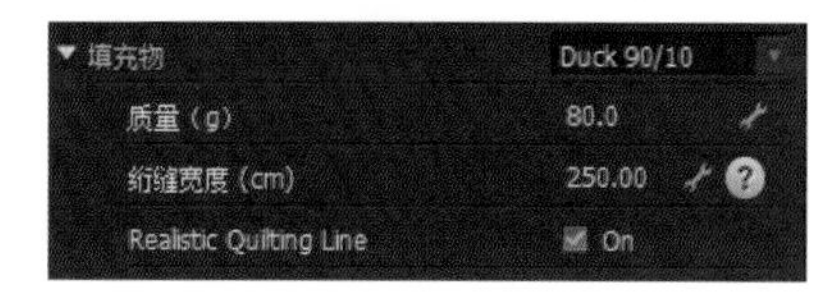

图 5-25　填充板片

（五）缝纫工具

缝纫板片主要用到三个工具：线段缝纫、自由缝纫和检查缝纫线。

1. 线段缝纫

如果需要缝纫的线段中间没有被点断开，则可以使用线段缝纫工具。在 2D 工具栏中找到线段缝纫工具，进行线段对线段的缝纫，分别单击两条线段以创建一条线缝纫。在缝纫线上，可以看到两个道口，这个是缝纫线的指示方向，在缝纫时需要确保缝纫线方向一致，如图 5-26 所示。

图5-26 线段缝纫

2. 自由缝纫

当遇到多条线段缝合时，如果继续使用线段缝纫会发现缝纫线之间的距离不相等，这时需要使用自由缝纫工具进行缝纫，在起始点用鼠标左键单击顺滑到末端点再次单击，完成第一段缝纫；在另一条线段起始点再次用鼠标左键单击再顺滑到末端点单击完成缝纫，如图5-27所示。一共单击四次，以创建一对缝纫线，使用自由缝纫工具时，同样要注意缝纫线的方向。

图5-27 自由缝纫

3. M∶N缝纫

将多条线段进行缝纫时，不能使用线段缝纫和自由缝纫，在线缝纫工具上长按鼠标左键，在弹出工具栏中选择“M∶N缝纫”。点击M所对应的线在键盘上按下【Enter】键来完成M线的选择，点击N所对应的线在键盘上按下【Enter】键，完成M∶N缝纫。缝纫时，需要注意缝纫线方向应保持一致，如图5-28所示。

4. 检查缝纫线

检查缝纫线工具可以用于检查缝纫线的方向、位置、长度等。不同的缝纫线颜色对应着不同的缝纫边。缝纫线的切口对应着缝纫的方向。如果发现缝纫线的方向相反，一定要将缝纫线改为正确的方向，否则会导致3D服装模拟不稳定，如图5-29所示。修改缝纫线时，使用编辑缝纫线工具，再在错误缝纫线上单击鼠标右键，在弹出的菜单栏中选择调换缝纫线。

图 5-28　多条线段缝纫

图 5-29　检查缝纫线

5. 缝纫线的类型

缝纫线有两种类型，TURNED 和 Custom angle，两种缝纫效果如图 5-30 所示。

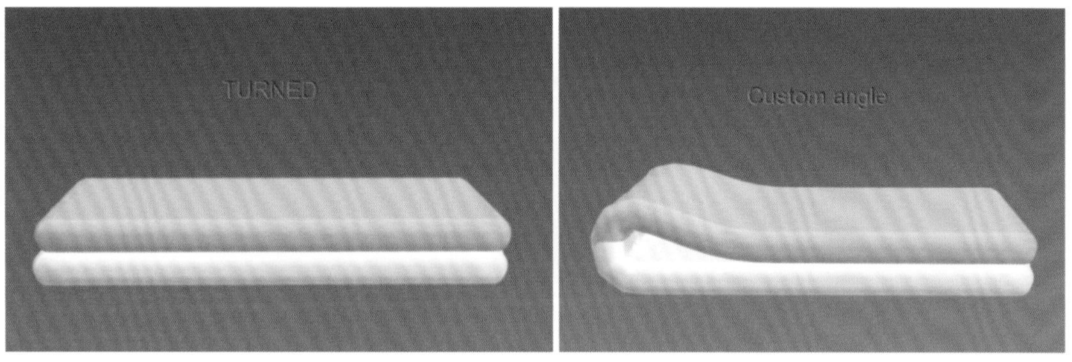

图 5-30　缝纫线的类型

TURNED：叠缝，如口袋、双层衬衣领、门襟等处需要用叠缝纫。

Custom angle：拼缝，板片与板片的拼接需要用拼缝，如前片和后片的拼接。切换缝纫线类型时，可使用检查缝纫线工具，点击需要修改的缝纫线，在属性栏里进行切换。

（六）归拔工具

使用归拔工具可以将服装的网格局部收缩或局部松弛，当收缩率为正数时，网格松弛，褶皱增多；当收缩率为负数时，网格收缩，褶皱减少，如图 5-31 所示。

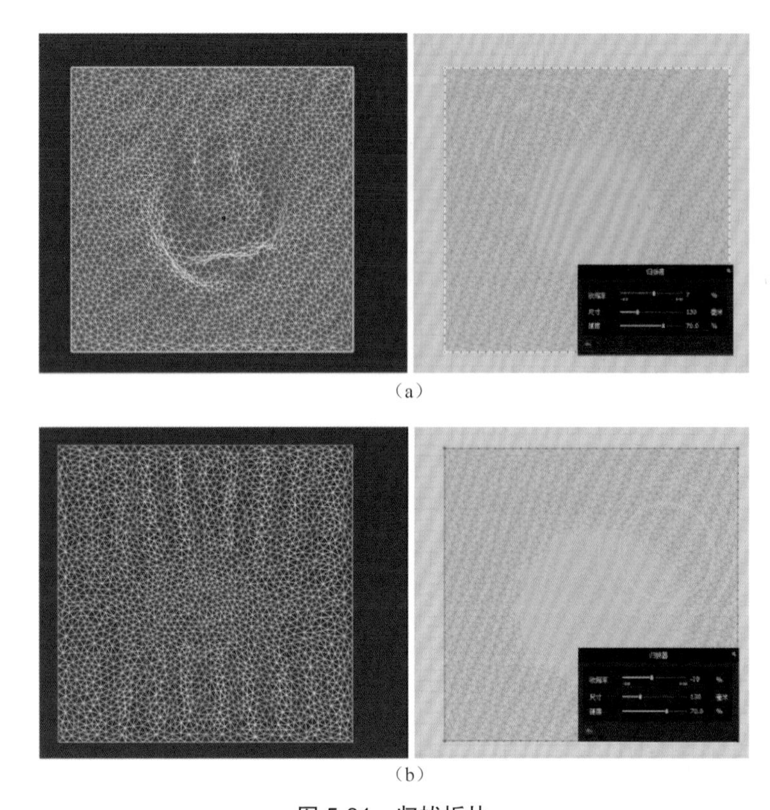

（a）

（b）

图 5-31 归拔板片

（a）正数值收缩率 （b）负数值收缩率

二、3D 工具

（一）选择网格

选择网格工具包括：笔刷、箱体、套索。可以将选择的区域的网格进行局部“细分”“冷冻”“形态固化”，如图 5-32 所示。使用选择网格工具在 3D 服装上选择网格时，右击鼠标调出命令菜单，点击其他任意位置时，网格会自动取消选择。

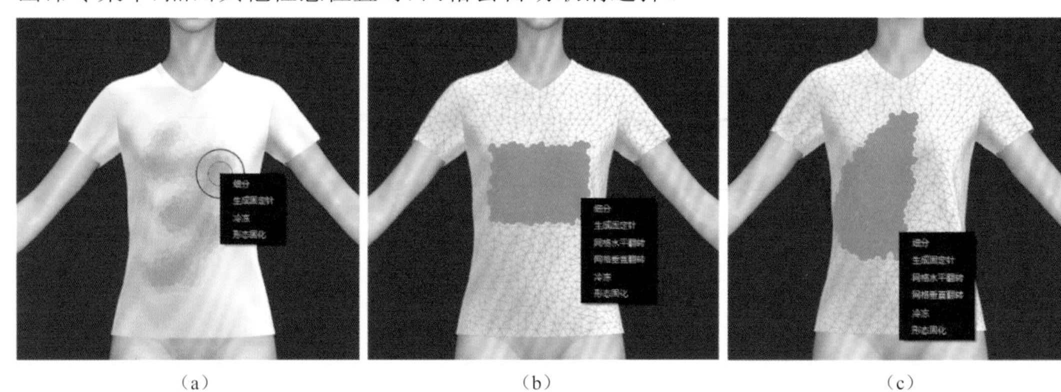

（a） （b） （c）

图 5-32 选择局部网格

（a）笔刷 （b）箱体 （c）套索

（二）选择固定针工具

固定针工具包括：选择固定点和选择固定的网格。使用该功能后，被选择的网格或点在参与模拟时会被固定在原本的位置上，如图 5-33 所示。按住快捷键【W】在 3D 服装上任意位置点击，即可创建一个固定点，按住快捷键【W】再次点击可以删除固定点。使用箱体或套索选择工具在 3D 服装上或 2D 板片上框选，被框选的网格就会被固定。按住快捷键【W】点击固定点或固定网格即可将其取消固定。右击固定点可以将固定的区域固定到虚拟模特上。

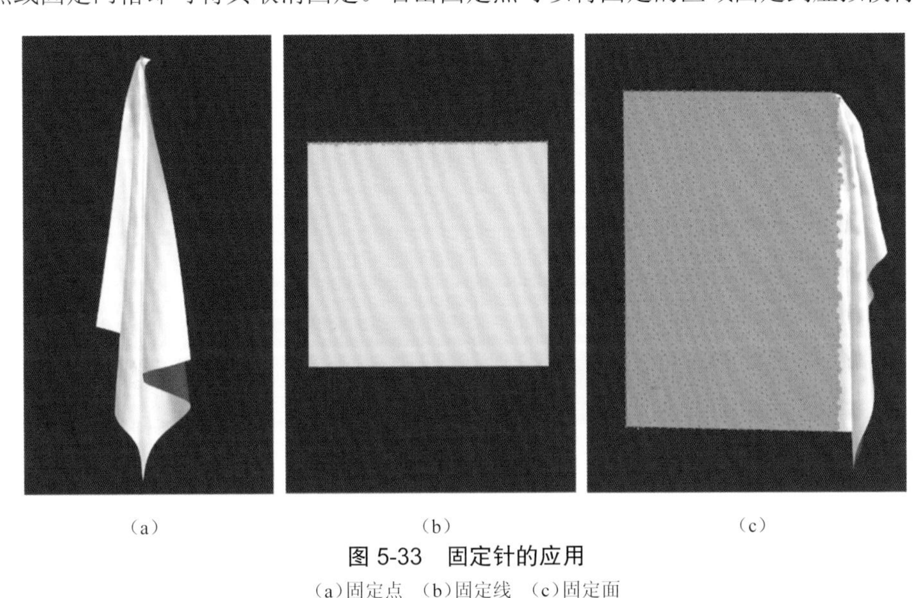

（a）　（b）　（c）

图 5-33　固定针的应用

（a）固定点　（b）固定线　（c）固定面

（三）假缝工具

假缝工具包括："假缝"生成工具和"固定到虚拟模特上"工具。生成"假缝"就是将两个点固定到一起；"固定到虚拟模特上"就是将板片上的一个点固定到虚拟模特上的一个点。使用"假缝"生成工具在 3D 服装上点击任意两点，开启模拟即可将这两个点固定在一起。"假缝"也可以用于面料改造，如图 5-34 和图 5-35 所示。使用"固定到虚拟模特上"工具时，在 3D 服装上和虚拟模特上点击任意两点，开启模拟即可将 3D 服装上的一个点固定到虚拟模特上。

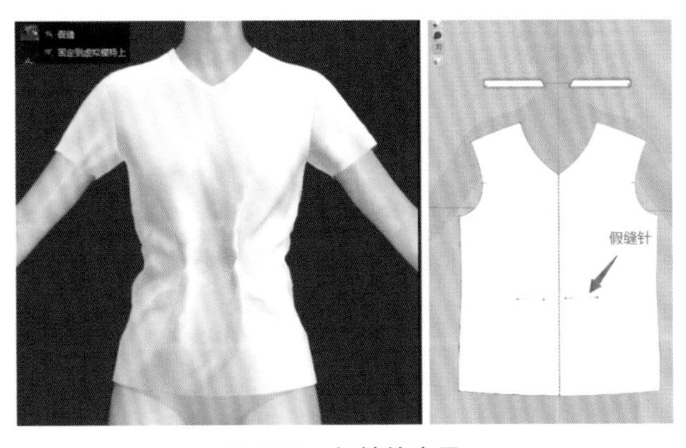

图 5-34　假缝的应用

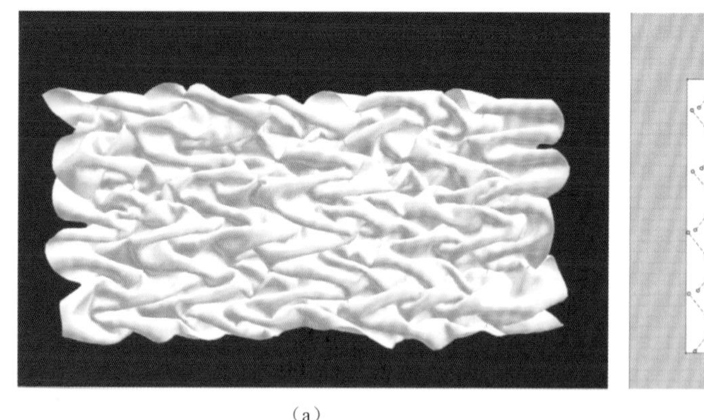

(a)

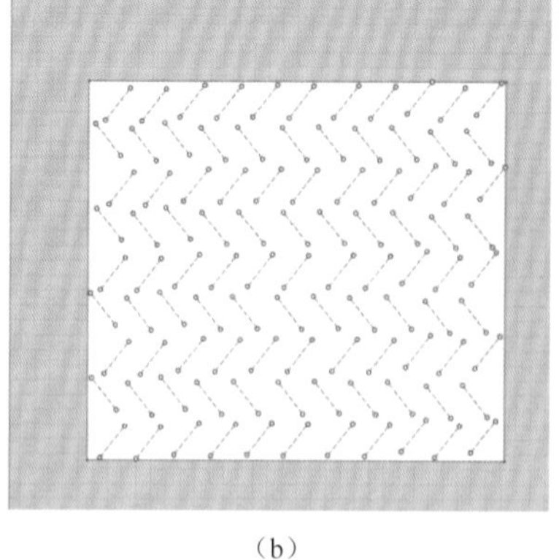

(b)

图 5-35　假缝的效果 2

(a)3D 生成假缝　(b)假缝在板片上的分布

(四)3D 画笔工具

3D 画笔工具能快速得到一个比较贴合人体的板片。使用 3D 画笔工具时,在虚拟模特身上标记点位,系统会根据虚拟模特表面的起伏来创建曲线,使用编辑 3D 画笔工具可以调整点位。注意,最终的图形必须围成封闭的图形。图形创建完成后,将工具切换到“展平为板片”工具,在 3D 窗口选择 3D 画笔创建的图形,然后按【Enter】键就可以在 2D 窗口得到一个板片了。最后,使用编辑板片工具将板片调整圆顺即可,如图 5-36 所示。

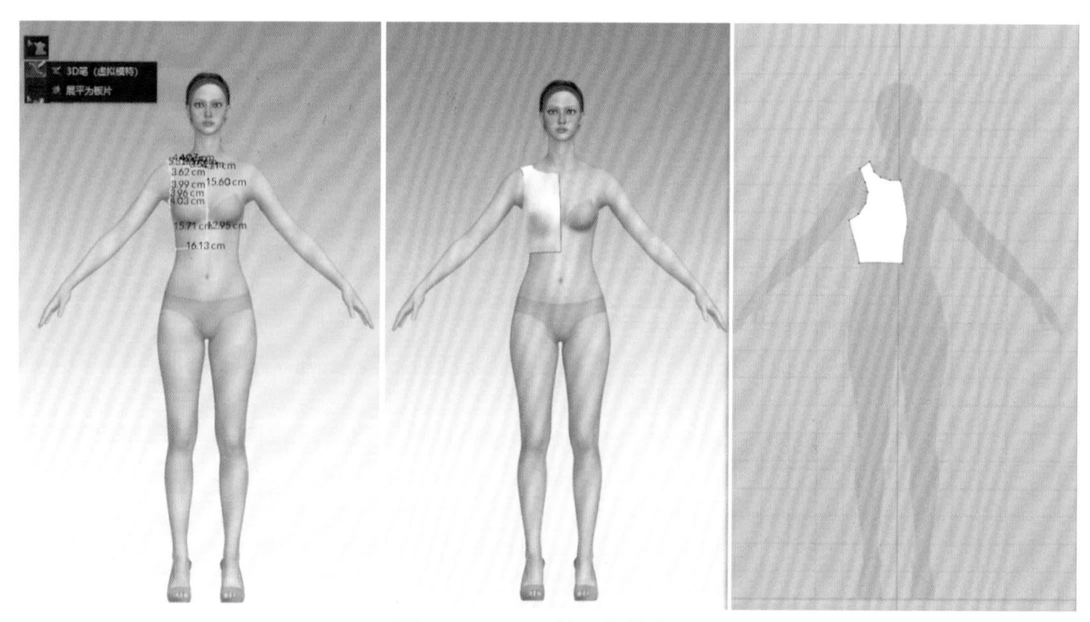

图 5-36　3D 画笔工具的应用

第五节 CLO 常用的菜单命令

一、3D 板片菜单命令

(一)模拟

安排好服装板片后，开启模拟(快捷键:【空格】键)。开启模拟后，重力系统会作用于3D 窗口，从而使板片自然垂落，在开启模拟的状态下，使用选择 / 移动工具，可以拉住板片并移动。当模拟一些特殊物品时，我们通常不希望其受到重力影响，可以在3D 窗口右击调出菜单栏，打开模拟属性，调整模拟重力；当重力为 0 时，板片将不受重力影响。

(二)冷冻

在 3D 窗口选中板片，右击调出菜单栏，选择冷冻或用快捷键【Ctrl+K】将板片冷冻，被冷冻的板片显示为浅蓝色，如图 5-37 所示。开启模拟后，冷冻的板片不受属性和重力的影响，但仍然参与模拟并与其他板片产生冲突。制作服装时，如果服装达到满意的形态后通常会将板片冷冻处理。

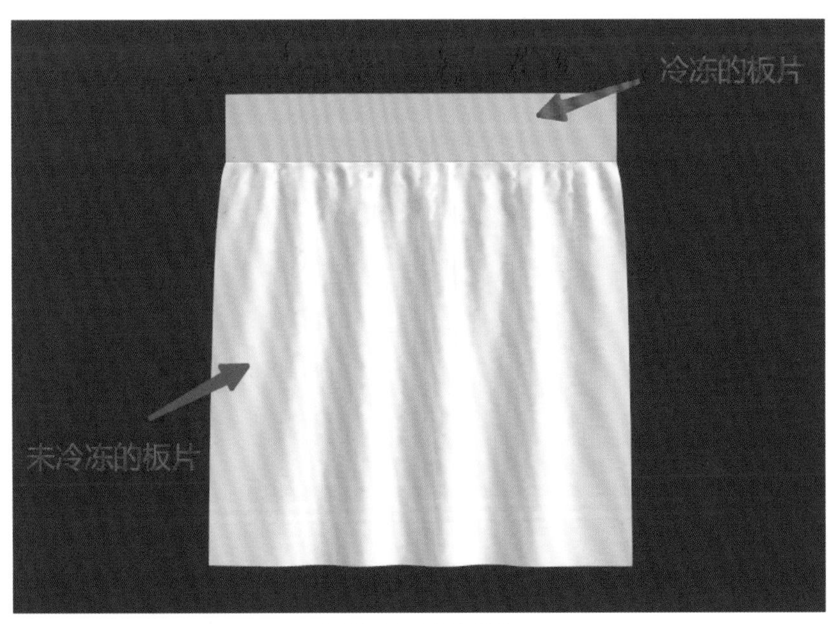

图 5-37 冷冻板片

(三)反激活

在 3D 窗口选中板片、附件或虚拟模特，右击调出菜单栏，选择反激活板片或用快捷键【Ctrl+J】将板片反激活，如图 5-38 所示。在被反激活的板片上，缝纫线会失效，但不会影响其他板片，并且不参与模拟计算，因此在制作过程中可以反激活一些不需要模拟的板片，可以减少模拟的耗时和卡顿情况。

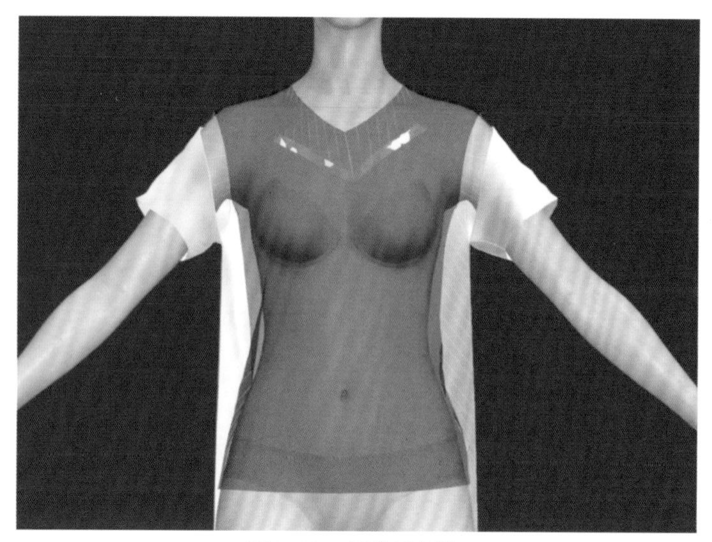

图 5-38 反激活板片

（四）硬化

在 3D 窗口中，选择板片右击调出菜单栏选择硬化，被硬化的板片在模拟时会变得很硬，如图 5-39 所示。模拟服装时，如果服装模拟不稳定，可以尝试硬化板片，使其快速达到稳定状态。

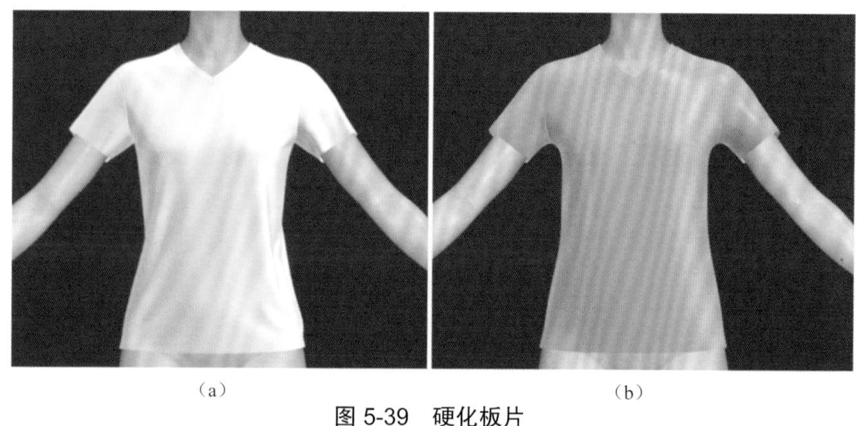

（a） （b）

图 5-39 硬化板片

（a）硬化前 （b）硬化后

（五）形态固化

形态固化可以维持板片的形态，在模拟服装时，如果觉得某个部位已经达到合适的形态，并且在接下来的模拟中不想它再变形，就可以将板片的形态固化。

二、2D 板片菜单命令

（一）连动板片

形态相同且对称的两个板片可以设为连动板片，被设为连动板片后，二者可以同步编辑。左右对称板片命令可以将一个板片设为左右连动的板片，如图 5-40 所示。

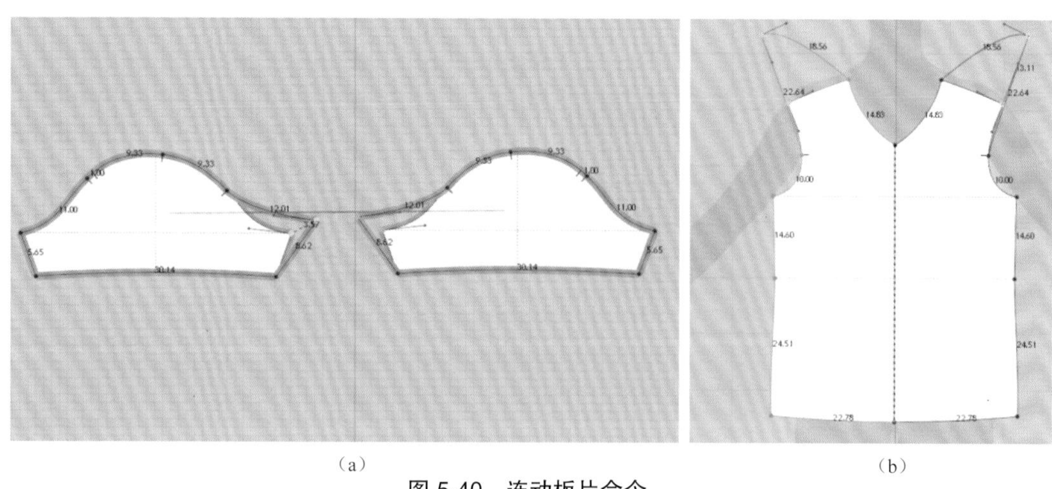

（a）　（b）

图 5-40　连动板片命令

（a）对称板片　（b）左右对称板片

（二）合并

合并命令分为合并边、合并点，如图 5-41 所示。按住【Shift】键，分别选中两个点 / 两条边，右击调出菜单栏，选择“合并”命令。

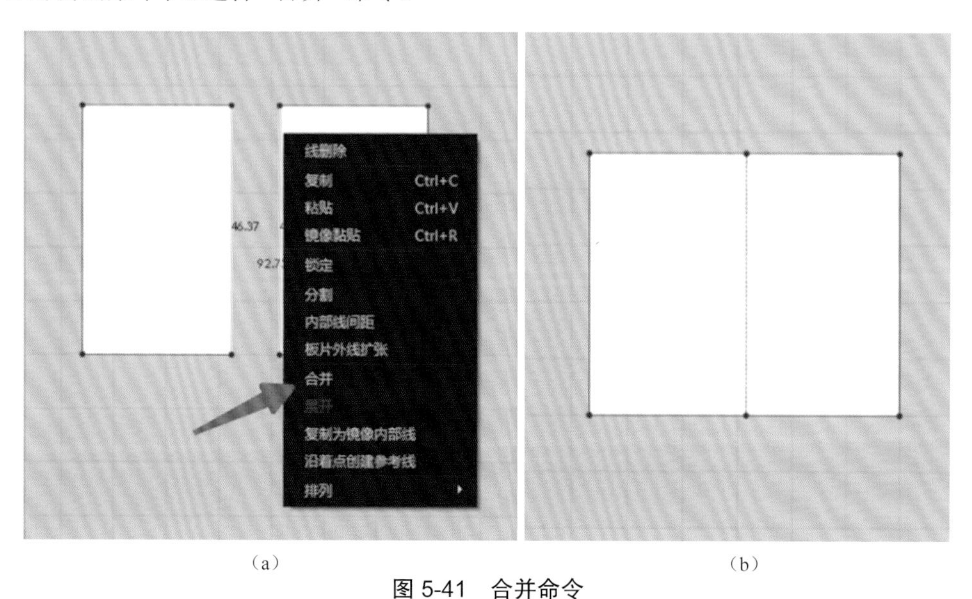

（a）　（b）

图 5-41　合并命令

（a）合并前　（b）合并后

（三）切断

切断命令可以将板片上的内部线和基础线切断。注意：内部线和基础线必须与板片外线相交，否则该指令无效。选中需要切断的内部线/基础线，右击调出菜单栏，选择“切断”命令，如图5-42所示。

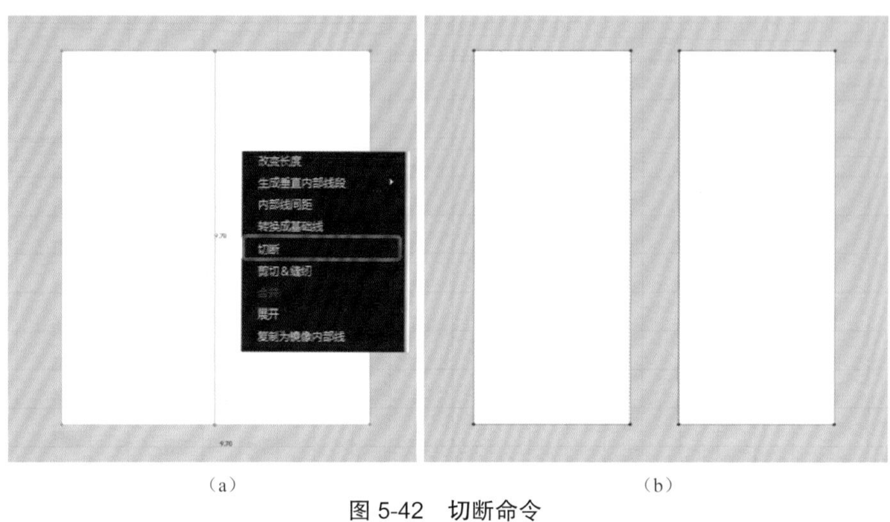

（a） （b）

图5-42 切断命令

（a）切断前 （b）切断后

（四）展开

展开命令可以将板片沿一条边对称展开或对称展开编辑。选择一条边作为对称轴，右击调出菜单栏，选择“展开”或“对称展开编辑（缝纫线）”，如图5-43所示。

（a） （b）

图5-43 展开命令

（a）展开前 （b）展开后

(五)板片外线扩张

板片外线扩张命令可以将选中的边按照原本方向延伸或缩短,但不包括缝纫线的延伸。因此,选择"板片外线扩张"后,需要重新编辑缝纫线,如图 5-44 所示。

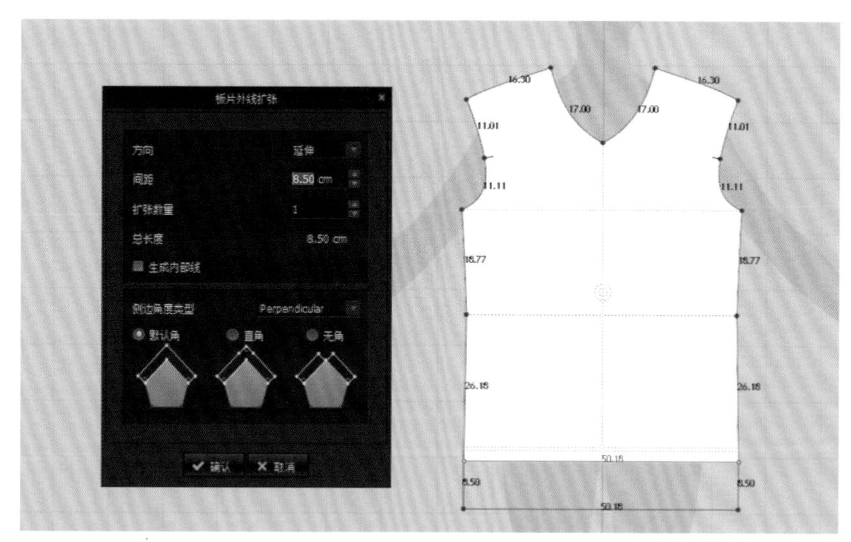

图 5-44 板片外线扩张命令

(六)弹性

选中线段,再在属性栏中勾选"弹性",被选中的线段会根据弹性的力度和比例呈现不同的效果。当弹性比例为 100 时,线段不会被拉伸;当弹性比例大于 100 时,线段呈现松弛的效果,常用于制作木耳边;当弹性比例小于 100 时,线段会呈现收紧的效果,常用于抽褶等。如图 5-45 所示。

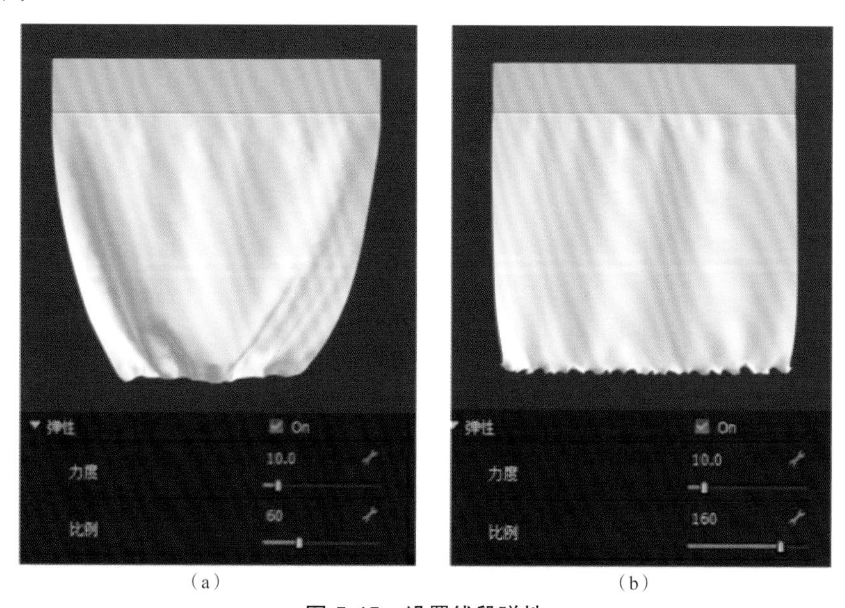

图 5-45 设置线段弹性

(a)比例小于 100 (b)比例大于 100

第六章　民族服饰数字化应用

本章通过制作一套民族服饰，学习 CLO3D 的具体操作流程（服装的设计来源于网络），从而更深刻地了解少数民族服饰元素与数字服装设计的结合。服装数字化不仅符合数字时代对服装设计的要求及相关规律，而且还能大大提升服装设计的可行性及可操作性。

第一节　服装建模

一、第一阶段：虚拟模特

在数字时代，网络世界的迅速发展以及社交网站的兴起，让虚拟世界里的一切不但影响了信息的分享与消费模式，同时衍生出了一种新的事物——虚拟人类。

（一）加载虚拟模特

加载虚拟模特有两种方法，一种是在 CLO3D 系统中加载系统自带的虚拟模特，另一种是导入其他软件制作的虚拟模特。

1. 系统加载

在 CLO3D 系统中，我们可以根据服装的风格选择虚拟模特。在图库窗口中找到“虚拟模特 /Avatar”，双击打开文件；将鼠标悬停在以“avt”为后缀的文件上，在窗口中可以看到虚拟模特的缩略图；选择合适的虚拟模特双击，被选中的虚拟模特就会显示在 3D 窗口中，同时 2D 窗口中会显示该虚拟模特的剪影。每个虚拟模特都有配套的配件，包含该虚拟模特的姿势、鞋子、头发、动作、尺寸文件，用户可以根据需要选择。

2. 导入虚拟模特

导入的虚拟模特有三种文件格式，分别是 OBJ、FBX、ABC（Alembic）。将 OBJ、FBX、ABC 格式的文件拖入 CLO3D 的 3D 窗口中，窗口弹出菜单栏后，选择合适的单位即可。OBJ 文件不含骨骼信息和贴图信息，不可以使用 X-Ray 调整虚拟模特的姿势；FBX 文件含骨骼信息、贴图文件和动画信息；ABC 文件是含动画信息的文件。

（二）虚拟模特编辑器

虚拟模特编辑器可以通过调节模特的比例、围度等，得到不同身材的虚拟模特，如图 6-1 所示。外部导入的虚拟模特不可以使用虚拟模特编辑器进行调节。

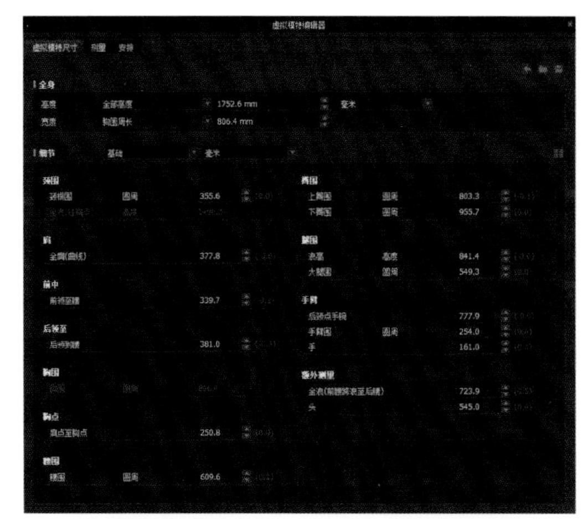

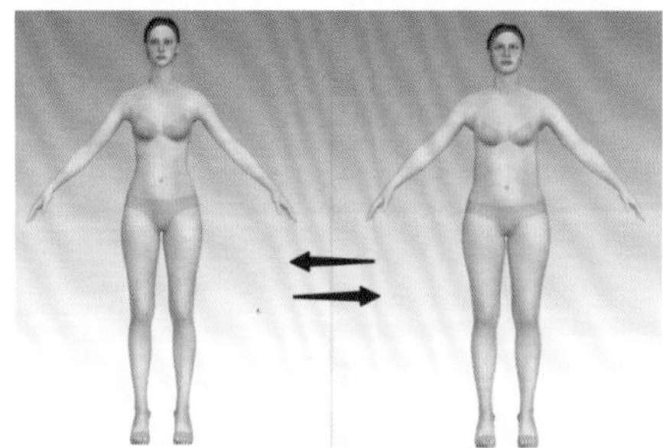

图 6-1　调节虚拟模特的身材

（三）X-Ray 结合处

CLO3D 系统中的虚拟模特都带有骨骼信息，可以通过调节骨骼得到任意姿势。打开虚拟模特后，默认的姿势是 A-pose，如果需要调整虚拟模特的姿势，可以打开 X-Ray 开关，单击虚拟模特的关节点，然后调节坐标轴的位置和方向，得到一个新姿势，如图 6-2 所示。

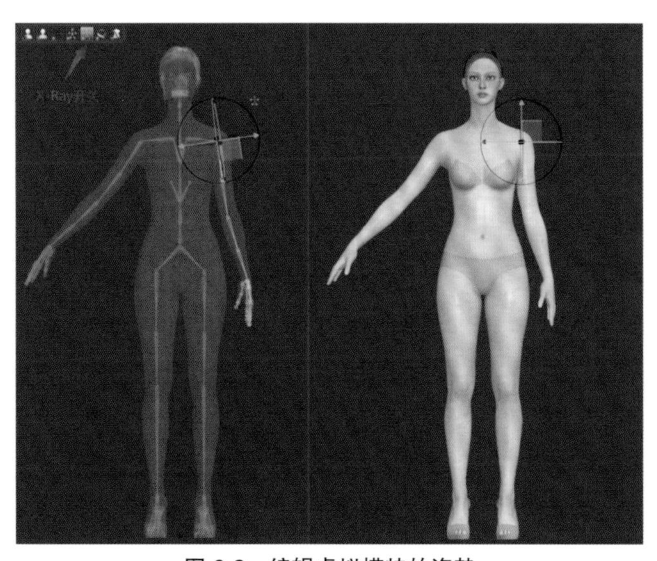

图 6-2　编辑虚拟模特的姿势

> 小贴士：
> 本节介绍了虚拟模特的加载、虚拟模特的编辑以及虚拟模特姿势调整的流程。在制作一套服装时，可以先将虚拟模特的姿势调整好，由于模拟服装的最佳姿势是 A-pose，所以调整好最终的姿态后可以先将其导出备用，先使用 A-pose 模拟服装，等后期服装模拟好了后，再将姿势更换为最终的姿态。导出姿势的操作步骤：点击“文件 > 另存为 > 姿势”。

二、第二阶段：制作板片

（一）制作衬衣板片

（1）首先，使用矩形工具在 2D 窗口根据虚拟模特的剪影画出一个矩形（这里先画一半板片）；其次，使用加点 / 分线工具在袖笼和颈部位置加点；再次，使用编辑板片工具删除多余的点并移动一条边作为袖子部分；最后，使用编辑圆弧工具将领和袖笼编辑圆顺，如图 6-3 所示。

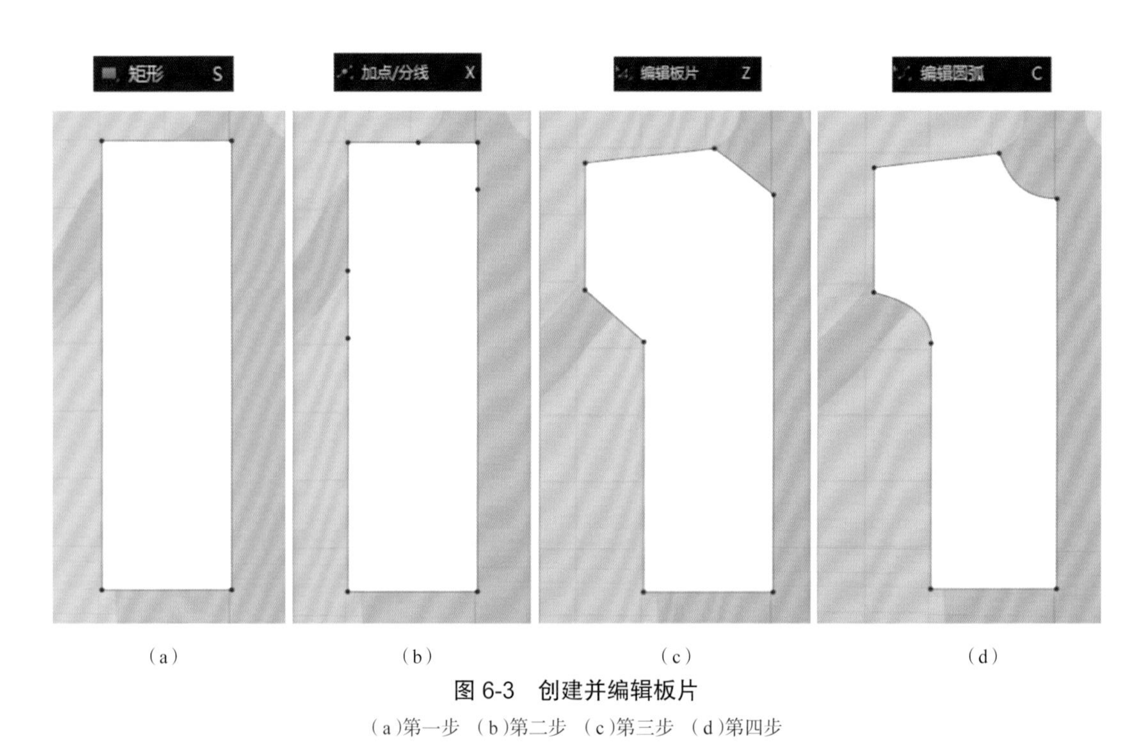

图 6-3　创建并编辑板片

（a）第一步　（b）第二步　（c）第三步　（d）第四步

（2）首先，选择袖口的边，右击调出菜单栏，选择“板片外线扩张”命令；其次，选择板片的中线，右击调出菜单栏选择“展开”或“对称展开编辑（缝纫线）”命令；最后，使用“内部多边形 / 线”工具在板片上画出所需的分割线，将袖子与大身切断，如图 6-4 所示。

> 小贴士：
> 为了模拟时好安排，可以先不将板片的所有内部线切断，应先保持板片的完整。

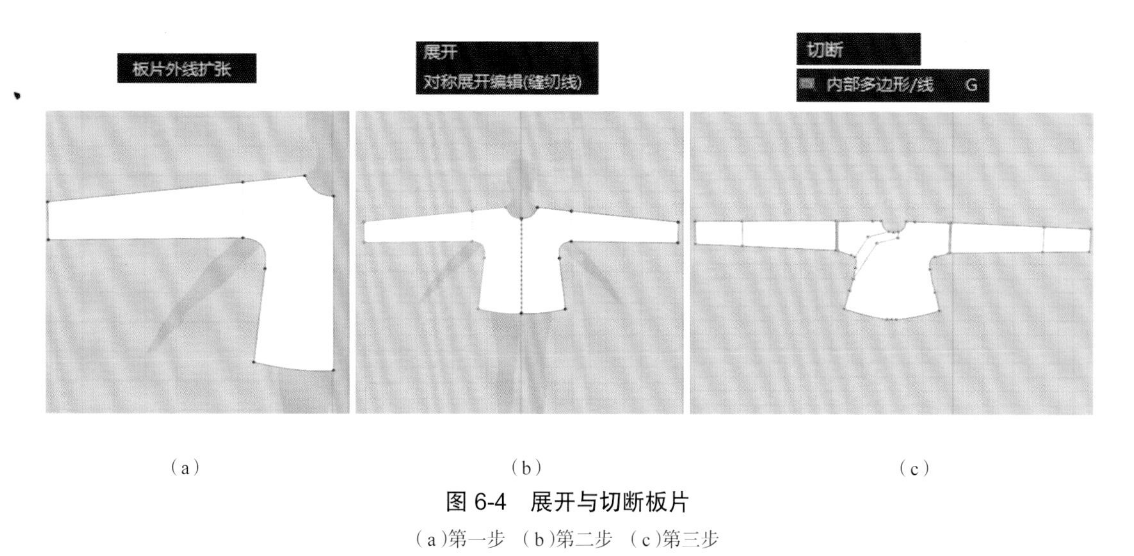

（a）　（b）　（c）

图 6-4　展开与切断板片

（a）第一步　（b）第二步　（c）第三步

后片、领子、腰带和坎肩的制作方法和原理与前片相同。使用矩形或多边形工具先创建出板片，然后根据实际情况使用加点、编辑板片等工具调整板片，最终完成上衣板片，如图 6-5 所示。

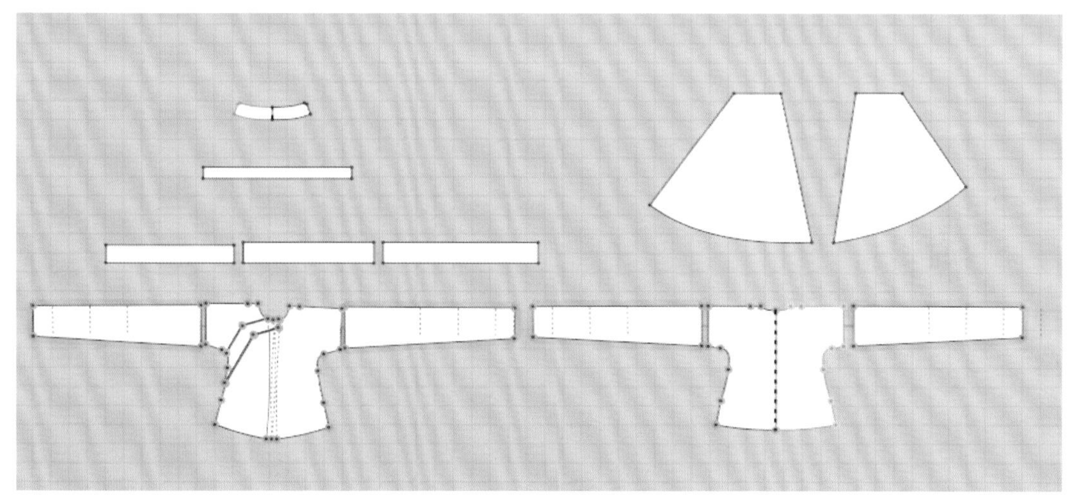

图 6-5　上衣板片的 2D 效果

（二）制作裙子板片

首先，使用矩形工具在 2D 窗口中单击，在弹出的窗口中输入腰头的矩形的长宽值（由于衬衣需要塞在裙子里面，腰围可以适当增加一点量），裙长可以先大概定一下，后期根据板片上身的效果再做调整；其次，使用“延展板片（点）”工具在矩形的上宽和下宽上，分别取两点拖动鼠标进行放量，尽量选择平行的两点，这样板片变形会比较均匀；再次，完成所有数量操作；最后，使用“生成圆顺曲线”工具将弧线整理圆顺，如图 6-6 所示。全部完成后使用调整板片工具框选腰头和裙子前片复制快捷键【Ctrl+C】、粘贴快捷键【Ctrl+V】作出裙子的后片。

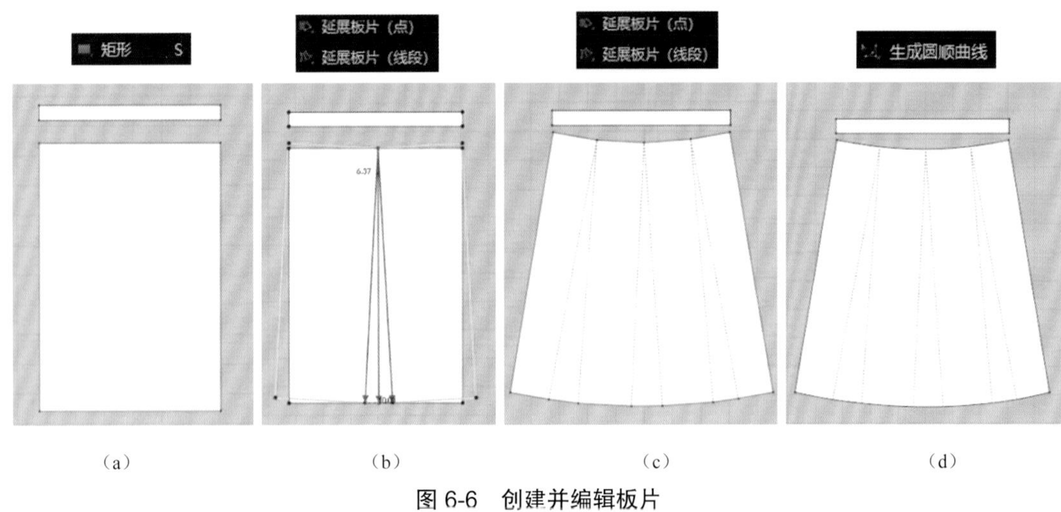

（a）（b）（c）（d）

图 6-6 创建并编辑板片

（a）第一步 （b）第二步 （c）第三步 （d）第四步

小贴士：

在工程文件对板片要求不严格的情况下，可以使用以上方法进行打板；如果对板片要求较高，建议在专业的打板软件中制作好板片后，再导入到 CLO3D 中。CLO3D 支持导入 DXF 格式的板片文件，导入步骤为：在 CLO3D 中“文件 > 导入 >DXF”。

三、第三阶段：模拟服装

（一）模拟衬衣

1. 安排板片

为了提高模拟效率，在模拟服装之前需要将服装的板片安排到对应的点位，以便于检查缝纫关系和减少模拟时出现的穿插问题。

在 3D 窗口中打开显示安排点或用快捷键【Shift+F】；然后在 2D 窗口中单击板片，用鼠标拖动到蓝色点位上会出现灰色的预览图，选择合适的位置后单击蓝色点位，板片就会被安排在安排点上，板片以弧形包裹在虚拟模特周围，如图 6-7 所示。

将属性编辑器下拉，在安排的子菜单栏中，可以看到有 *X* 轴位置、*Y* 轴位置、间距。*X* 轴位置是沿着人体水平方向的位移量，*Y* 轴位置是沿着人体垂直方向的位移量，间距是板片到人体的距离。如果安排的位置有问题，可以通过调整这些数据，调整板片位置。

小贴士：

如果有一套服装有多件多层次的服装，建议不要一次性地安排板片，可以分件安排和模拟，这样可以减少服装之间的穿插。

2. 缝纫板片

使用线段缝纫、自由缝纫或 M∶N 缝纫工具将板片对应的边缝纫到一起；在 3D 窗口中，用旋转视图检查缝纫线的方向，如图 6-8 所示。

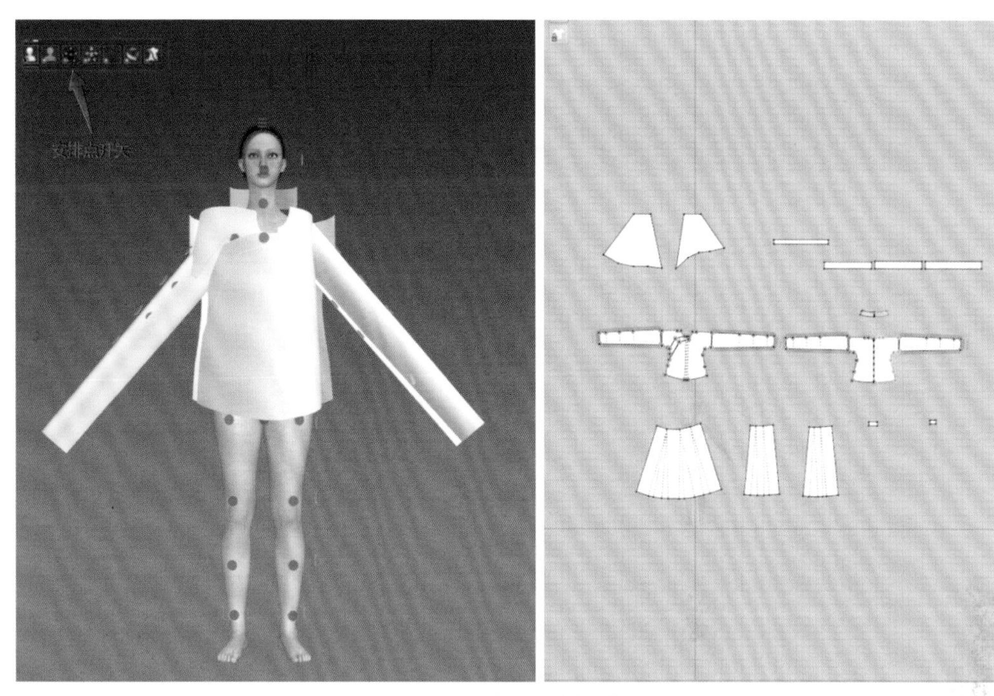

图 6-7　安排衬衣板片

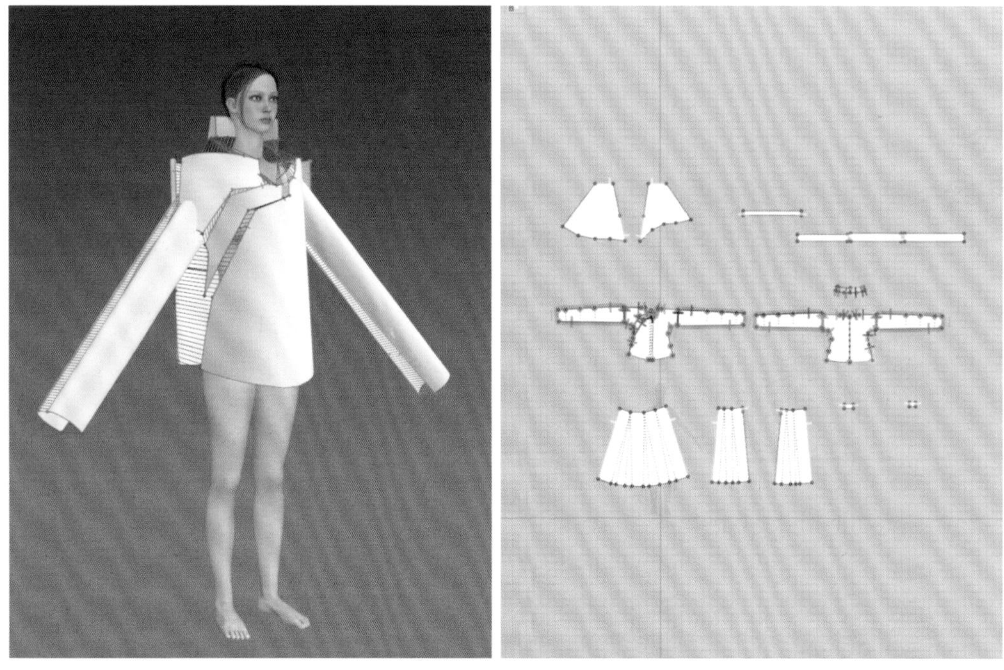

图 6-8　缝纫衬衣板片

3. 开启模拟

在 3D 窗口中，旋转视图检查缝纫线，确认无误后开启模拟（快捷键：【空格】键）。在开启模拟的状态下在 3D 窗口中，使用选择 / 移动工具点击穿模位置的附加，并拉拽板片解决穿模问题，使服装看起来自然，如图 6-9 所示。

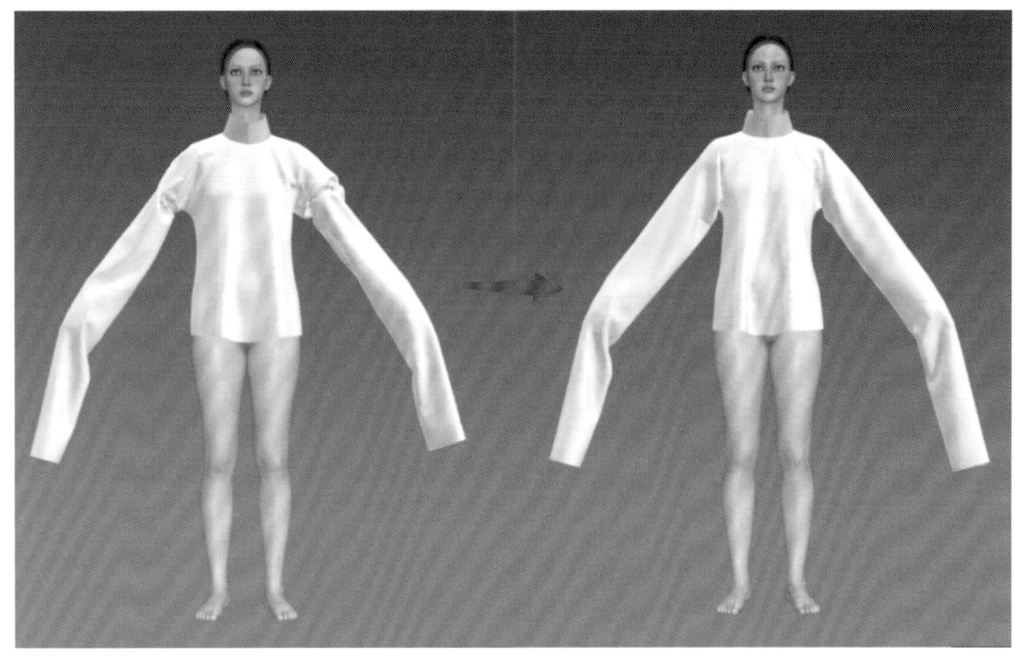

图 6-9 模拟衬衣板片

（二）模拟裙子

1. 安排板片

将裙子的板片分别安排在对应的点位上，如图 6-10 所示。

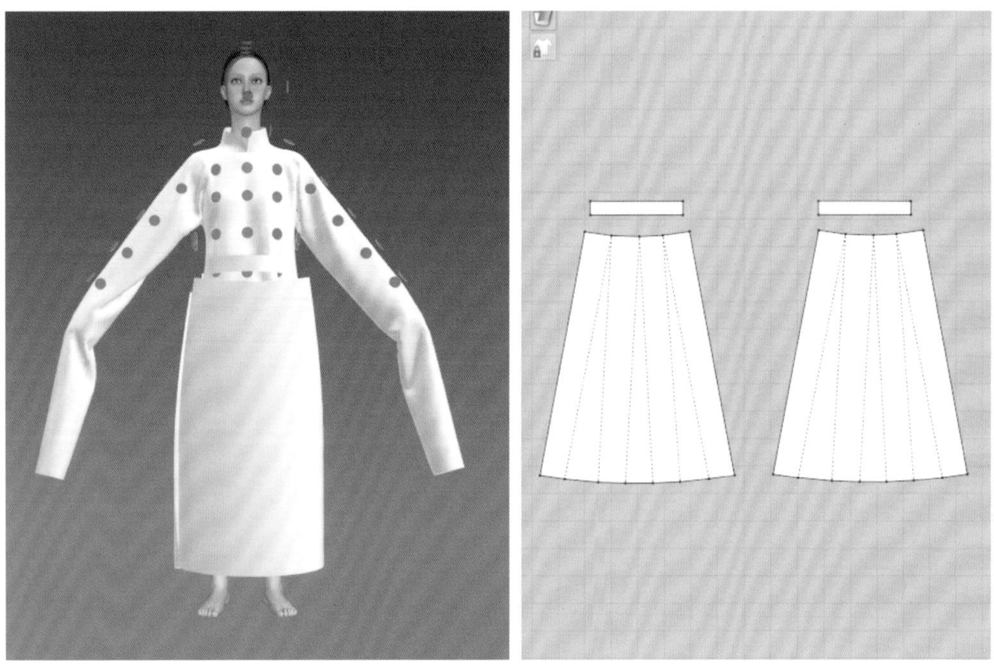

图 6-10 安排裙子板片

2. 缝纫板片

将板片对应的边缝纫在一起，如图 6-11 所示。

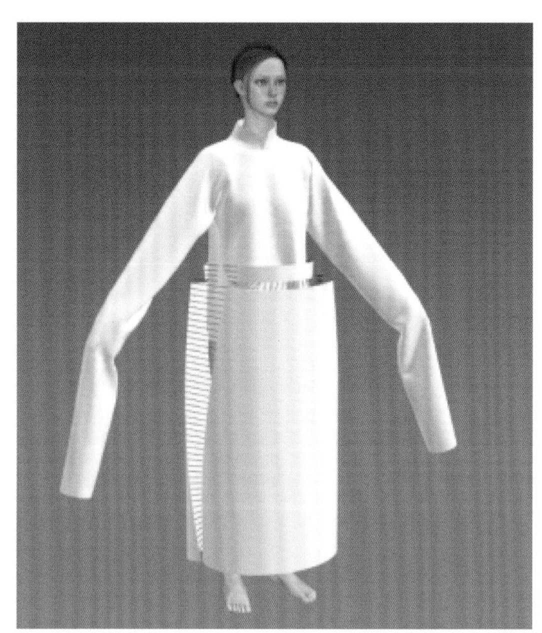
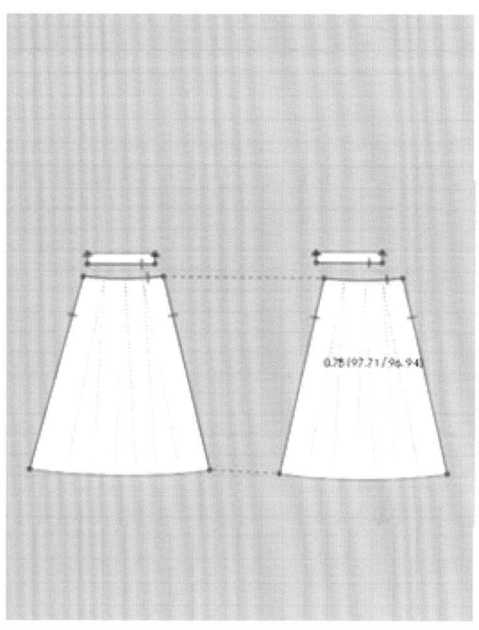

图 6-11　缝纫裙子板片

3. 设定层次

使用设定层次工具，设置服装的层次，当箭头为“+”时箭头所指向的板片的层级在上面，当箭头为“-”时则相反，单击“+”或“-”可调换板片的层级。如图 6-12 所示。

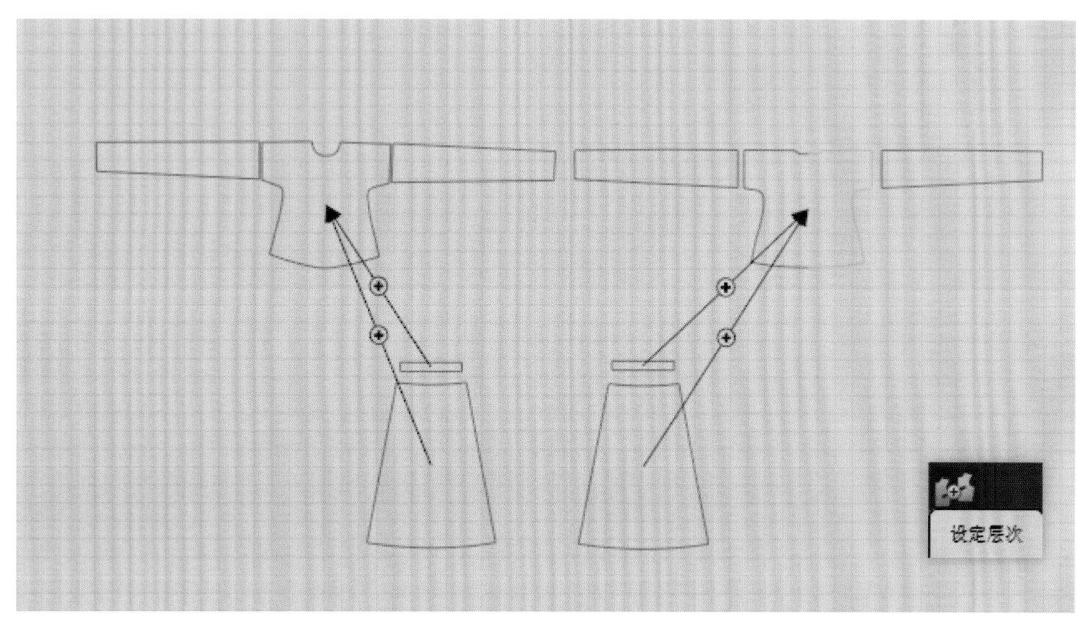

图 6-12　设定板片层次

4. 开启模拟

开启模拟后，裙子板片会根据设定的层级自动模拟到衬衣的外面，此时裙子看起来像挂在臀上，这是因为腰头的量太大了，可以适量调整腰头的宽度。使用选择 / 移动工具配合固定针，将裙子拽到腰上，硬化腰头并调整裙子的长度和放量，使裙摆看起来自然，如图 6-13 所示。

图 6-13　模拟裙子板片

（三）模拟坎肩

1. 安排板片

将坎肩板片安排在对应的点位上，如图 6-14 所示。

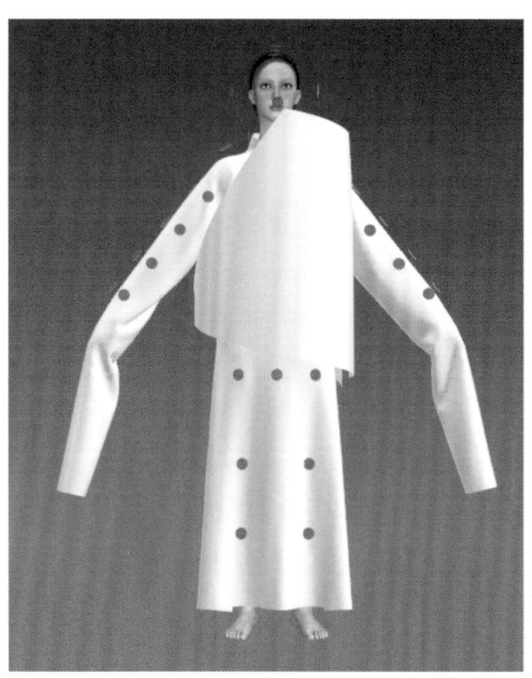
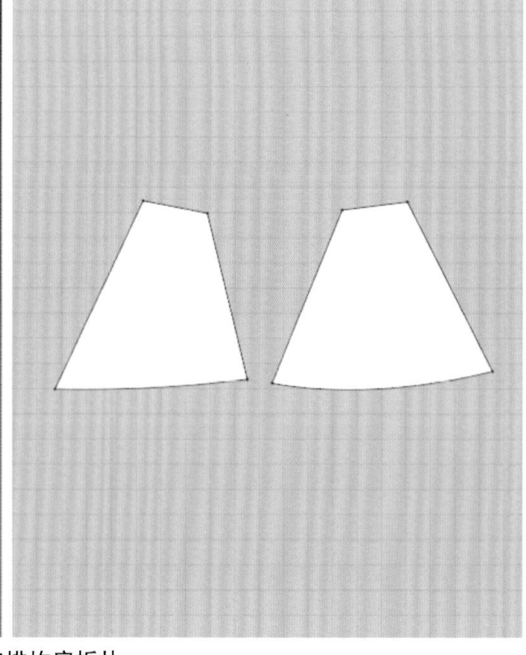

图 6-14　安排坎肩板片

2. 缝纫板片

由于这里不需要缝纫整条线段，所以需要使用自由缝纫工具将坎肩对应的边缝纫在一起，如图 6-15 所示。

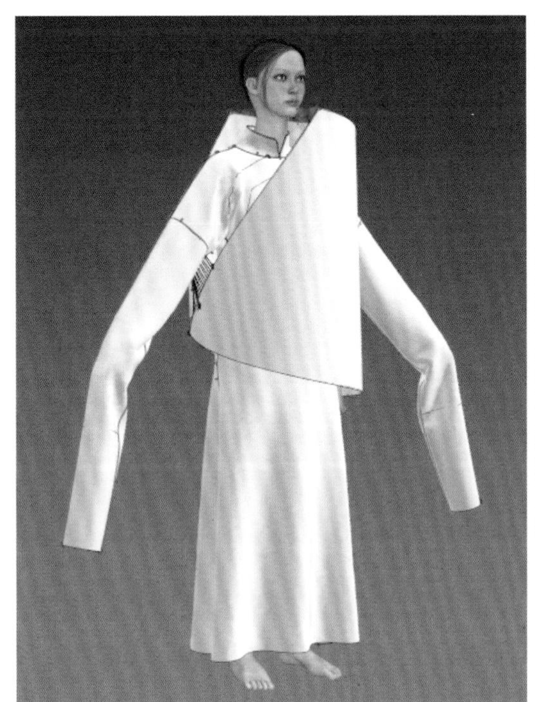
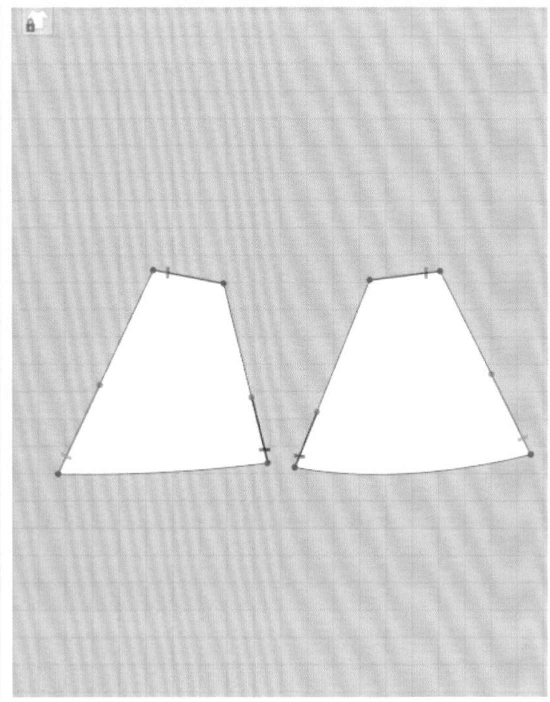

图 6-15　缝纫坎肩板片

3. 开启模拟

在开启模拟之前，可以先将之前模拟好的服装冷冻起来，以减少穿插问题。开启模拟并适当调整板片的形态，模拟稳定后，使用固定针将肩膀处固定，如图 6-16 所示。

图 6-16　冷冻和模拟

(四)模拟束腰

1. 安排板片

实际的束腰应该是一整条,在这里为了方便,将束腰切成三段进行模拟。

首先,设置束腰的层级,安排在虚拟模特的腰间并缝合;其次,开启模拟,同时在 3D 窗口中使用选择 / 移动工具调整板片使其模拟稳定;再次,将剩下的两段使用定位轴安排在合适的位置;最后,将三段缝合到一起,再开启模拟,如图 6-17 所示。

如果需要腰带看起来有双层的效果,在 2D 窗口中选择腰带的板片右击调出菜单栏选择“克隆层”。或设置渲染厚度,打开边缘弯曲率勾选双层显示。

图 6-17 分段模拟

2. 分割板片

为了方便后续纹理和贴图,这里将需要分割的部分用内部线工具画出来。右击调出菜单栏,选择“切断&缝纫”,如图 6-18 所示。

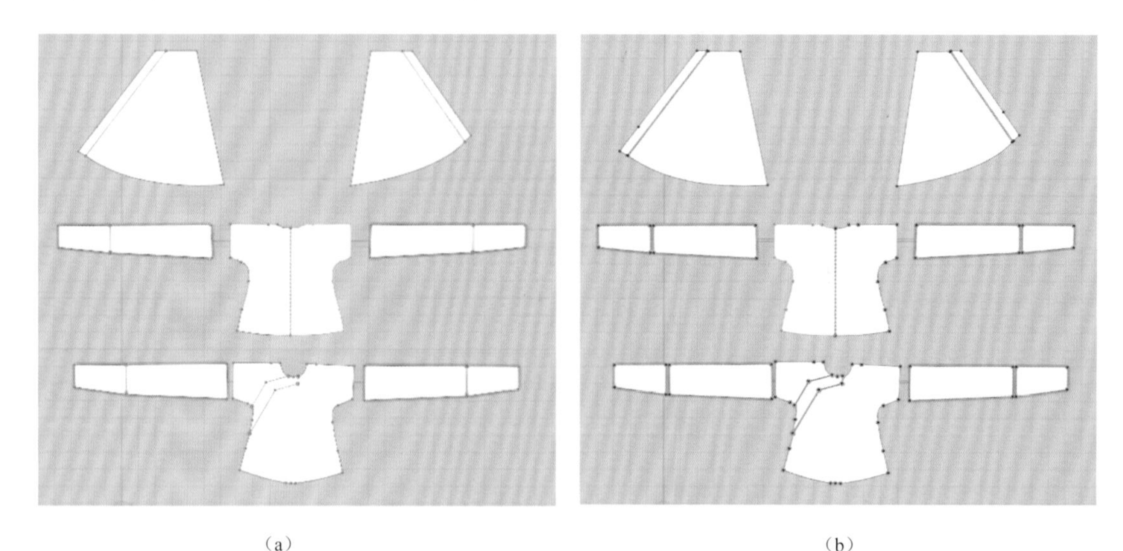

(a) (b)

图 6-18 切断板片

(a)切断前 (b)切断后

3. 更换虚拟模特的姿势

重新打开一个 CLO3D 窗口，打开“X-Ray 结合处”，点击需要调整的骨骼关节，调节坐标轴得到一个新的姿势，将姿势另存为文件，如图 6-19 所示。

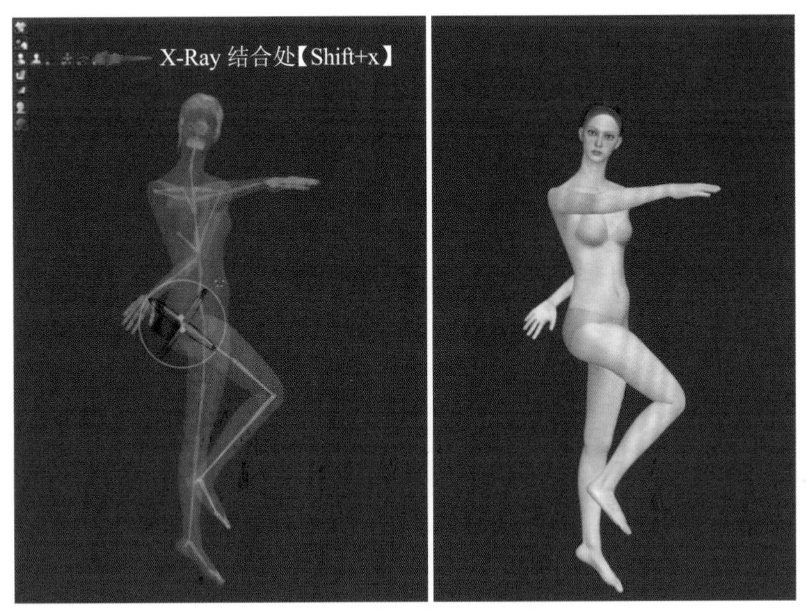

图 6-19 编辑并导出姿势

导入在 CLO3D 官方商城中下载的鞋子（单击鞋子在属性栏中可以更换颜色），然后解冻所有的板片，开启模拟并等待所有服装模拟稳定。在工程文件中，打开虚拟模特的姿势，选择更换姿势和关节点的位置，等待姿势变更，最后开启模拟直至服装模拟稳定，如图 6-20 所示。

图 6-20 更换姿势

4. 双层处理

为了使虚拟服装看起来更符合实际服装的样子，只靠增加厚度是不行的，可以将部分板片做成双层。先将其他板片全部冷冻起来，只模拟双层的部分，选出需要做双层效果的板片，右击选择“克隆层”，被克隆的板片会自动生成缝纫线。分别给领子、袖口、坎肩和腰带做双层效果，如图 6-21 所示。至此，服装建模部分就完成了。

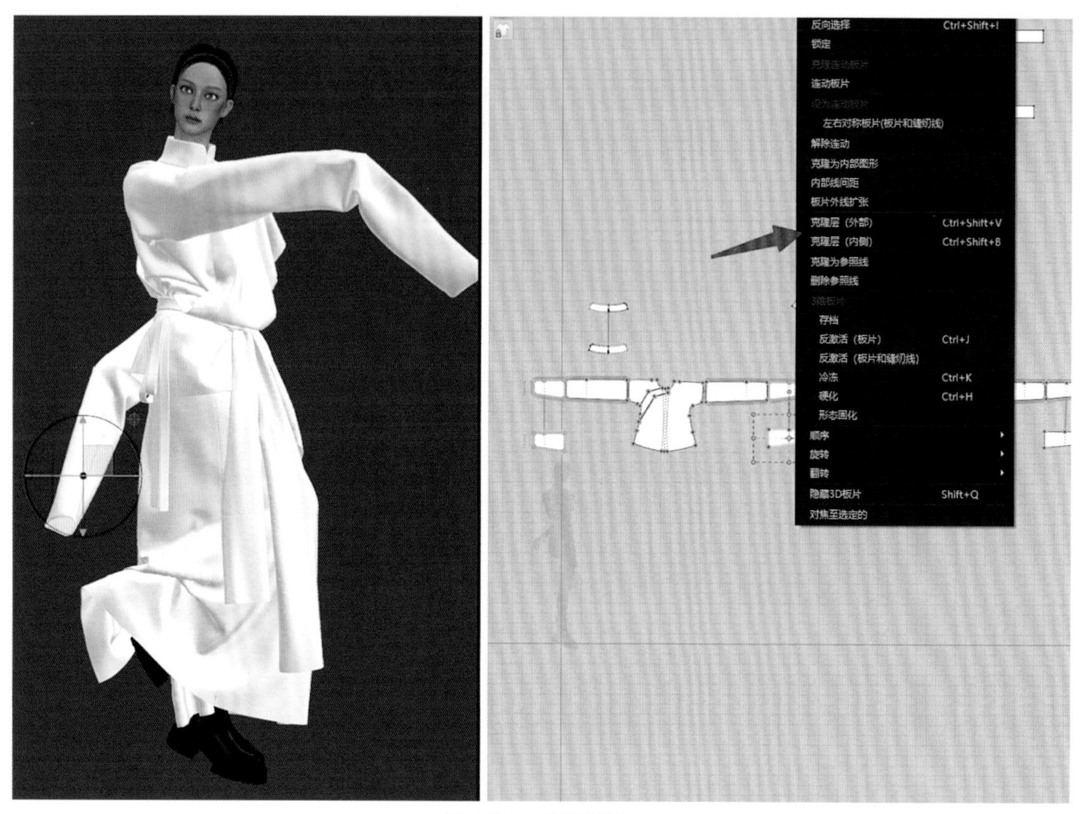

图 6-21　克隆板片

> 小贴士：
>
> 本节学习了如何安排、缝纫和模拟服装。模拟板片时，使用固定针、硬化、冷冻等工具可以提高模拟效率。前期模拟可以不仔细调整服装的细节，但是需要注意，服装必须模拟稳定。多层次的服装要设定层次，分件安排模拟。服装模拟不稳定时，需要检查缝纫线、层级是否正确。

（五）更换服装面料

1. 面料的物理属性

面料的真实性表现分为两个部分：面料的物理属性和纹理属性。面料的物理属性会影响服装的模拟效果，表现出的是面料的悬垂性和拉伸性等，是配合面料测量仪得到的虚拟面料。

经纬纱强度主要会影响面料的拉伸性能；对角线张力是对角线上的拉伸性能。

提高强度后，面料会不易拉伸，因此容易生成褶皱。如果把强度降低，由于面料变得容易拉伸，因此服装会变长，也不容易维持已经生成的褶皱，如图 6-22 所示。

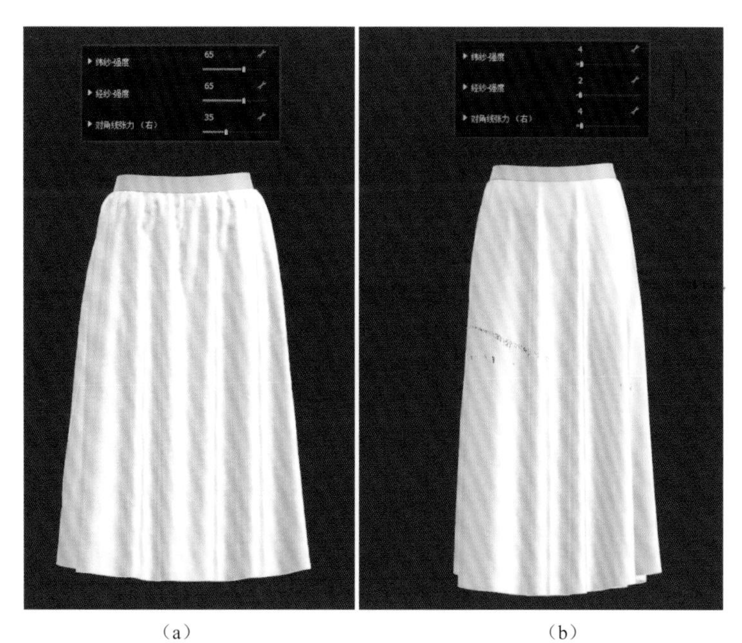

（a）　　（b）

图 6-22　经纬纱强度对褶皱的影响

（a）强度高　（b）强度低

弯曲强度越高，面料看上去越厚，缝合的位置看上去也越蓬，面料看上去更像皮革的质感；弯曲强度越低，面料看上去越软，更接近丝绸的质感。

想要面料硬一些、厚一些就需要提高弯曲强度；想要面料薄一点，就要降低弯曲强度，如图6-23所示。

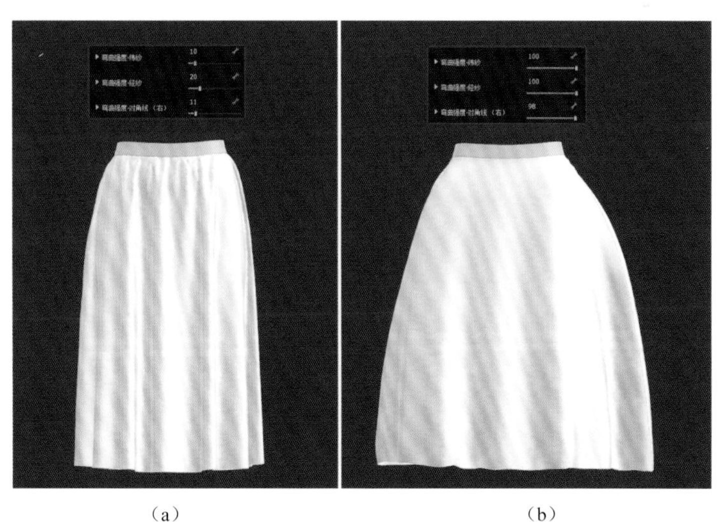

（a）　　（b）

图 6-23　弯曲强度对面料质感的影响

（a）强度低　（b）强度高

实际上，面料在形成褶皱后，属性会有一定的衰减。当形成弯曲后，板片会有一定百分率的变形。变形率表示的是面料易变形的程度。

变形率越低，越不容易变形，因此褶皱更容易维持；变形率越高，越容易变形，褶皱不容易维持；当变形率为 100 时，缝合处的褶皱会消失，如图 6-24 所示。

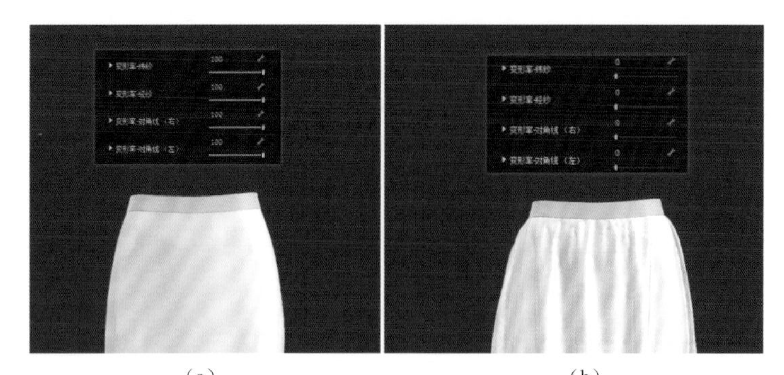

（a）　　　　　　　　　　　　（b）

图 6-24　变形率对面料变形程度的影响

（a）变形率高　（b）变形率低

变形强度反映的是褶皱部位的锐减程度。生成的褶皱越细，说明变形强度越低；生成的褶皱越粗大，变形强度越高，如图 6-25 所示。

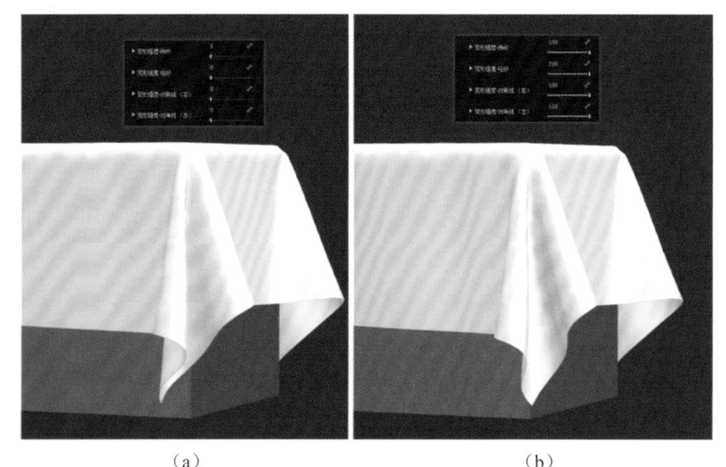

（a）　　　　　　　　　　　　（b）

图 6-25　变形强度对褶皱的影响

（a）强度低　（b）强度高

2. 更换面料

在 CLO3D 系统里自带的面料库（Fabric）中，选择需要采用的面料双击，物体栏中就会显示该面料；选择需要应用的面料，点击面料右侧的下载按钮，这样面料就会被应用到选择的板片上。

在本章模拟的民族服饰中，衬衣使用了相对较软的面料，裙子和坎肩用稍厚、硬一点的面料。在制作过程中，可以根据设计和实际，自定义面料的属性。面料更换好后，开启模拟，稳定后再将服装调整到最自然的状态。

> 小贴士：
>
> 为了后期方便纹理和贴图，每一种材质都需要单独新建一个面料。对于一些比较硬挺的服装，在更换面料后如果效果仍然不理想，可以添加粘衬工艺。在属性栏里勾选粘衬或粘衬条（被粘衬的板片显示为浅黄色），如图 6-26 所示。

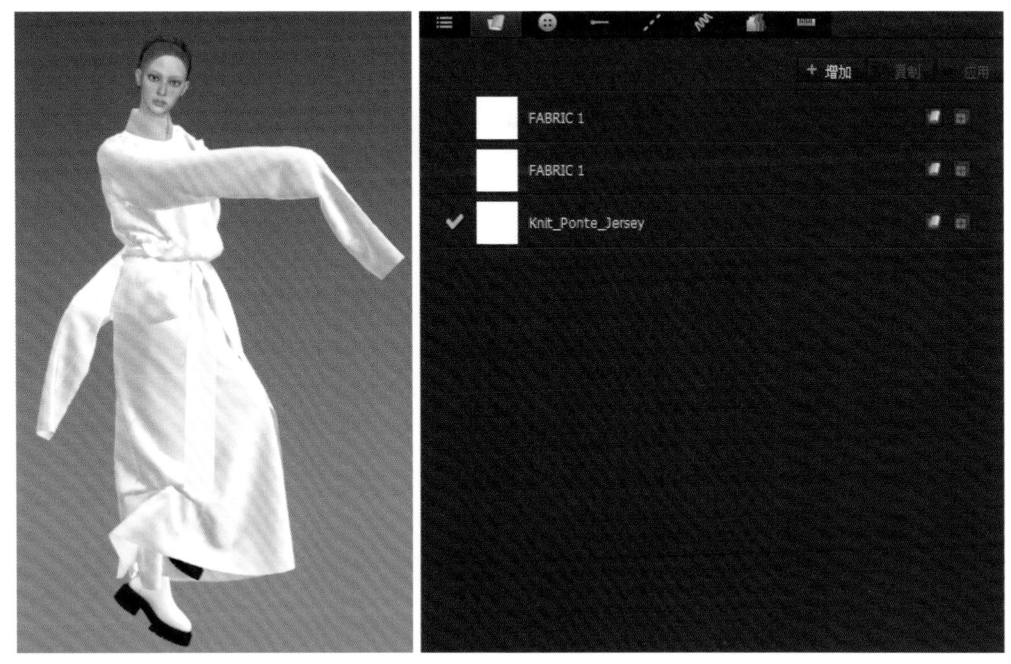

图 6-26　更换面料

3. 提高服装品质

提高服装品质可以让面料看起来更逼真，步骤是“菜单栏 >3D 服装 > 提高服装品质”，如图 6-27 所示。

（a）　（b）

图 6-27　调整服装品质

（a）调整前　（b）调整后

（1）虚拟模特表面间距：指服装与模特之间的空气厚度，数值越低服装越贴身。

（2）板片厚度冲突：指板片与板片之间的空气厚度，降低厚度冲突会使板片更贴近真实。

（3）粒子间距：指粒子间的间隙，粒子间距越小，面数就越多，面料模拟得越细腻、逼真，同时对电脑的要求也更高。通常将服装粒子间距设置为5~10，具体需要根据电脑的性能调整。粒子间距太小，所需运算量过高，电脑很容易死机，所以在制作过程中一定要养成经常保存工程文件的习惯。

第二节　丰富细节

一、增加明线和扣子

（一）增加明线

给服装增加明线，可以让服装看起来更有细节。明线工具分为线段明线、自由明线和编辑明线，如图6-28所示。明线工具的使用方法和缝纫线工具的类似，在物体窗口选中明线可以选择明线的类型、编辑明线的材质和属性等。

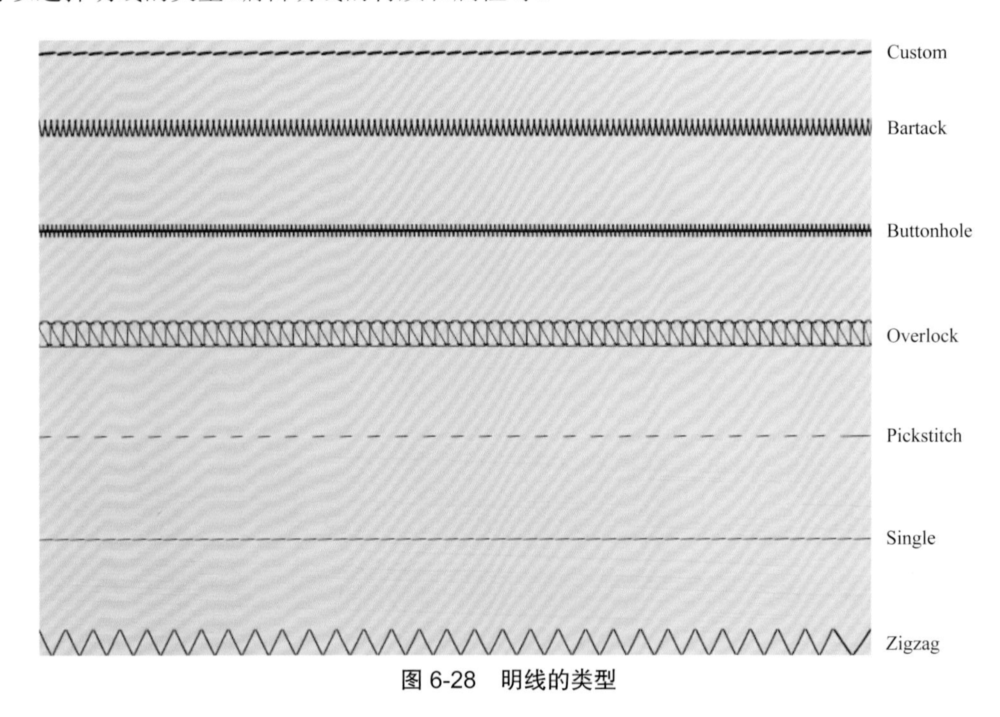

图6-28　明线的类型

（二）增加纽扣

CLO3D系统的增加纽扣工具自带了基础纽扣和扣眼，纽扣和扣眼种类丰富，如图6-29所示。用户还可以在属性编辑栏中编辑纽扣和扣眼的属性。使用系纽扣工具分别单击纽扣和扣眼，可以将纽扣和扣眼系在一起。

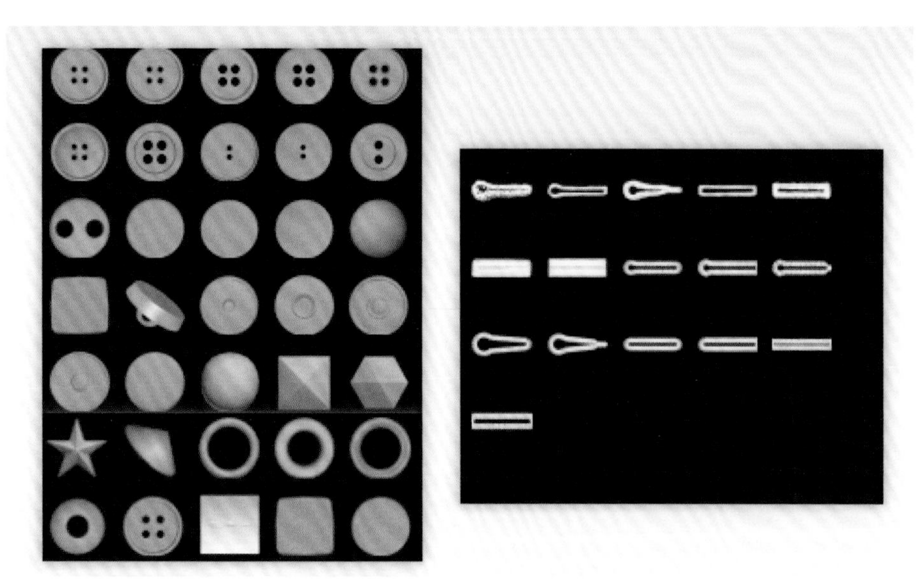

图 6-29 纽扣的类型

本套民族服饰中使用的是盘扣，CLO3D 系统中没有盘扣，需要导入盘扣文件。首先，在其他软件中建模并导出 OBJ 格式的文件，步骤为“文件 > 导入 OBJ > 选择需要导入的扣子文件 > 类型选择附件”，将盘扣作为附件导入；然后，使用坐标轴将盘扣移动到合适的位置，打开缩放按钮对附件进行缩放，如图 6-30 所示。

胶水工具一般用于走秀，使用胶水工具将附件粘在服装上后，走秀时附件就能跟着服装一起移动。

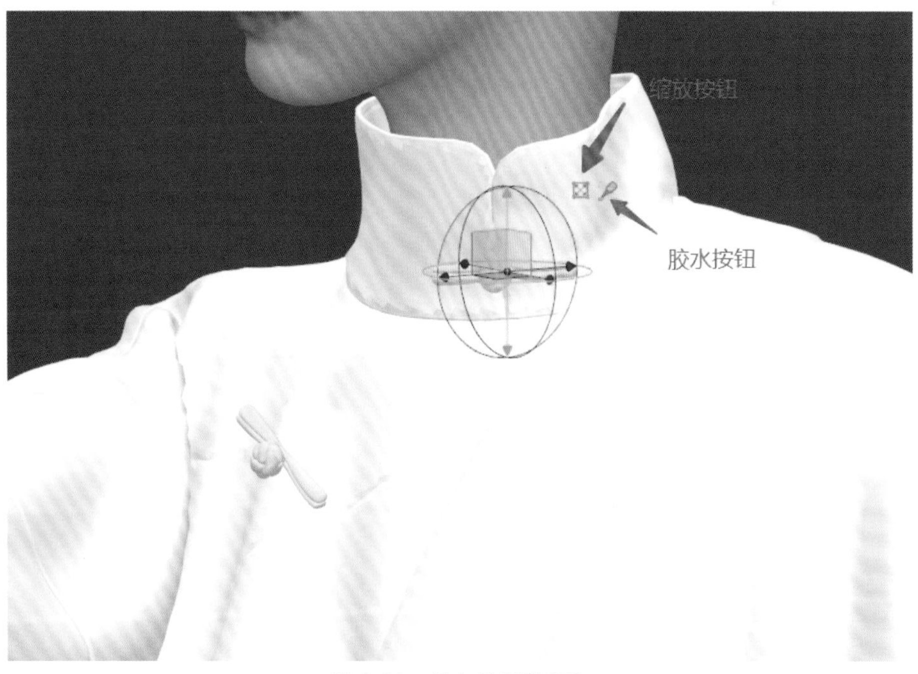

图 6-30 导入并调整纽扣

二、面料的纹理属性

织物的纹理属性不影响模拟效果，表现的是织物的视觉效果，包括肌理感、立体感和光泽感等。

CLO3D 系统中自带了纹理图库和法线图库，可在“Fabric”面料库中选择合适属性的面料，每款面料都有不同的物理属性、纹理贴图和法线贴图，选择合适的面料赋予板片即可。

（一）纹理图

纹理图用来表现织物基本纹理，纹理需要四方连续图。给织物应用了纹理图后，会使服装看起来更真实，如图 6-31 所示。编辑纹理工具可以移动、缩放和旋转纹理图。使用纹理属性编辑器可以冲淡纹理图原有的颜色。

图 6-31　添加纹理图

（二）法线图

法线图是用来表现纹理的凹凸感的 3D 贴图，如图 6-32 所示。可通过光影感来体现凹凸感，只改变表面外观，并不是真实的凹凸。

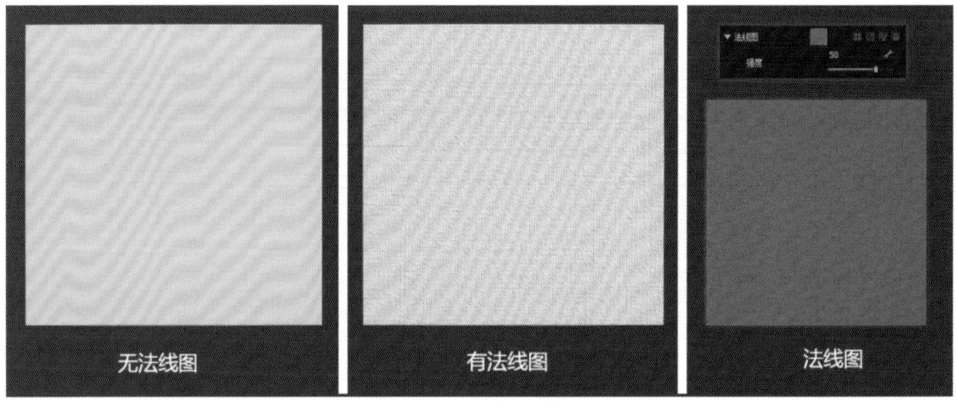

图 6-32　添加法线图

在法线图的属性编辑器里，可以调节法线的强度值，负数值是把凹的地方变成凸，凸的地方变成凹。正数值和负数值相反。当数值为0时，织物没有凹凸感。在法线图的属性栏中可以转换法线图的比例，具体可以根据法线在3D服装中的效果调整。

（三）置换图

置换图是用来表现纹理的真实凹凸感的3D贴图。通过法线图移动一个贴图中定义的距离，会修改曲面表现真实的凹凸，从而使纹理更立体，如图6-33所示。置换图的效果只能在渲染时显示。

置换图是一张灰度图，越亮的地方越凸，越暗的地方越凹。它的制作方法是将纹理贴图在Photoshop软件里抠出主体，删除原有背景并将其填充为黑色背景，将主体去色处理，最后将图片适当进行高斯模糊。

（a）　（b）　（c）　（d）

图6-33　添加置换图

（a）无置换图效果　（b）有置换图效果　（c）置换图　（d）置换图属性

（四）高光图

高光图是用于定义物体表面光泽度的3D贴图，如图6-34所示。

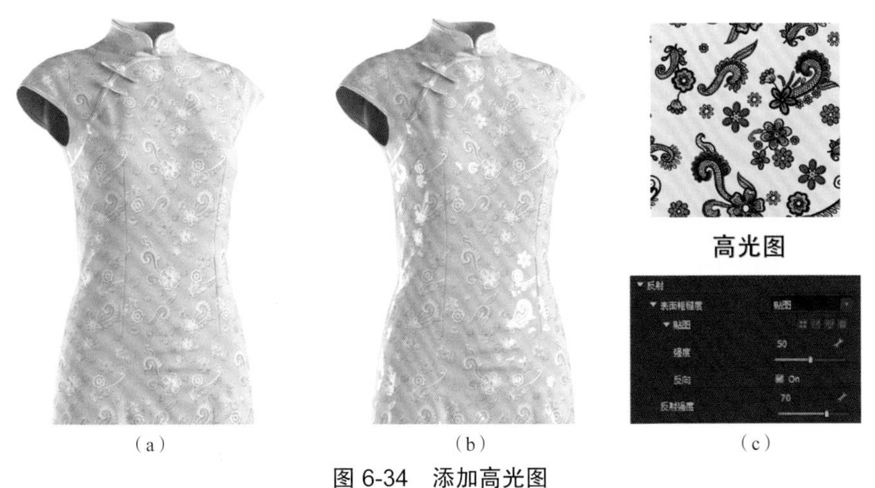

（a）　（b）　（c）

图6-34　添加高光图

（a）无高光图效果　（b）有高光图效果　（c）高光图属性

高光图的制作方法：在Photoshop里，将纹理图处理成灰度图。高光图颜色越深的部分在CLO3D中光泽度越高；相反，颜色越浅的地方在CLO3D中光泽度越低。

三、更换纹理与贴图

（一）应用纯色纹理

在CLO3D面料库中有大量面料，将鼠标停留在面料上，就可以看到面料纹理的缩略图，选择合适的纹理并应用在板片上，使用调整纹理工具调整纹理的比例和方向，在属性编辑栏中调整法线强度和颜色，如图6-35所示。

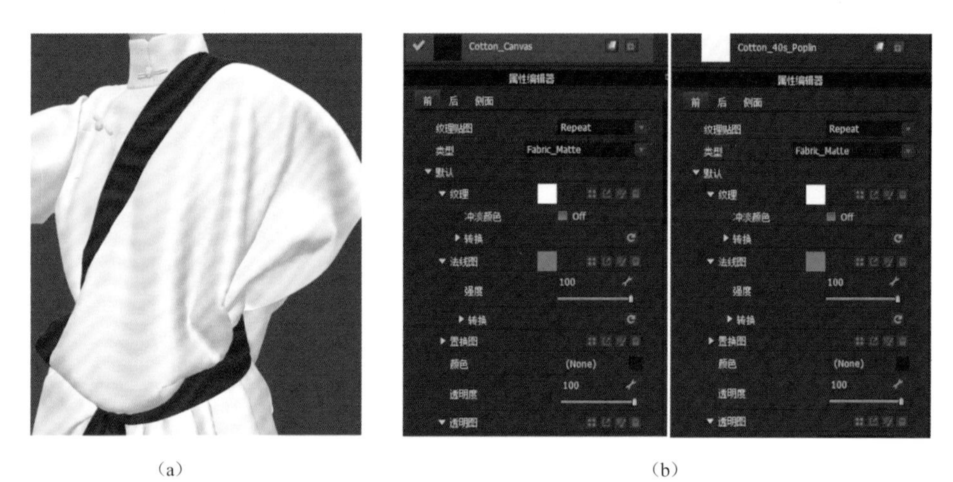

（a） （b）

图6-35 编辑纯色纹理

（a）应用纹理效果 （b）属性设置

（二）四方连续图的制作

首先，将所有印花纹理贴图在Photoshop软件中处理成四方连续；其次，在Photoshop软件中使用矩形框选出需要连续的元素，使用滤镜中的位移进行；最后，使用图章工具将拼接处处理自然，最终效果如图6-36所示。

图6-36 四方连续图的效果

（三）应用印花纹理

将处理好的纹理贴图拖到属性栏中，使用编辑纹理工具调整纹理在服装中的比例。如果不需要贴图本身的颜色，可以勾选冲淡颜色。在纹理属性栏中，可以调整面料的类型，使服装呈现不同的面料质感。导入纹理图后，系统会自动生成一张法线图，将法线强度调到最高，如图 6-37 所示。

（a）

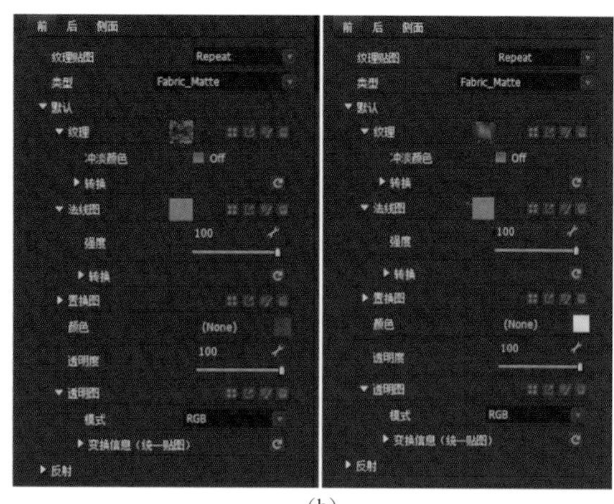

（b）

图 6-37　编辑面料印花

（a）更换纹理效果　（b）属性设置

（四）贴图

将贴图素材在 Photoshop 软件中处理成透明背景的图片，使用贴图工具在文件夹中选取图片，在需要贴图的板片上单击，然后切换成调整贴图工具，调整贴图的位置和比例，如图 6-38 所示。

图 6-38　编辑贴图

四、妆容和配饰

（一）妆容

妆容与服装系列的整体风格应相得益彰。在 CLO3D 中可以给虚拟模特设计妆容，点击虚拟模特的面部，在属性编辑栏中找到虚拟模特的纹理贴图，点击纹理图右边的四宫格按钮，打开贴图所在的文件夹，将面部贴图导入 Photoshop 中；设计妆容后，将文件导出到贴图文件夹中，然后将面部贴图换成妆后的贴图即可，如图 6-39 所示。

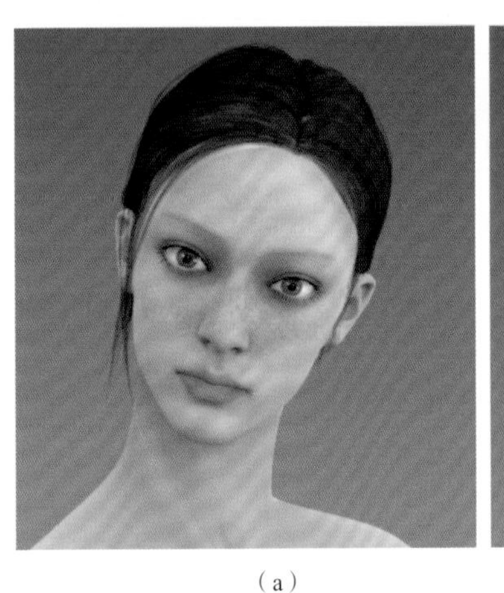
（a）

（b）

图 6-39 更换妆容的效果

（a）更换前 （b）更换后

（二）配饰制作

在 CLO3D 中可以制作一些简单的配饰，如图 6-40 所示。配饰是由板片组成的，可将板片制作成不同的形状，赋予不同的渲染厚度、材质和颜色。这里不需要开启模拟，只需要将它们组合到一起就可以得到简单的配饰。将所有配饰制作好之后，可以冷冻或反激活。

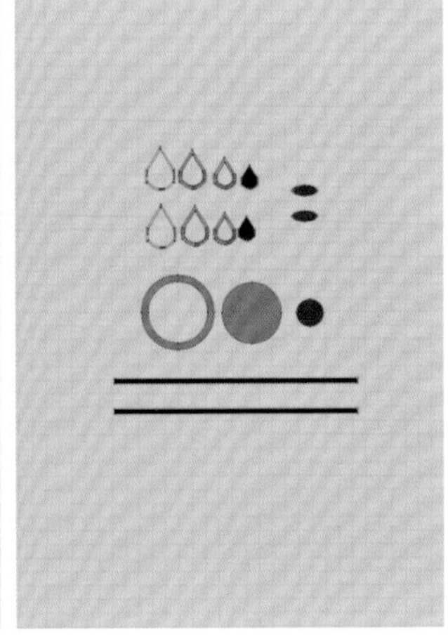

图 6-40 增加配饰的效果

五、场景搭建

下面为本套民族服装搭建一个简单的背景墙场景。场景的制作方法十分简单，具体如下。首先，使用矩形工具画出一个矩形，在矩形中添加内部圆形，使用调整板片工具选中内部圆并右击调出菜单栏选择“转换为洞”，如图 6-41 所示。

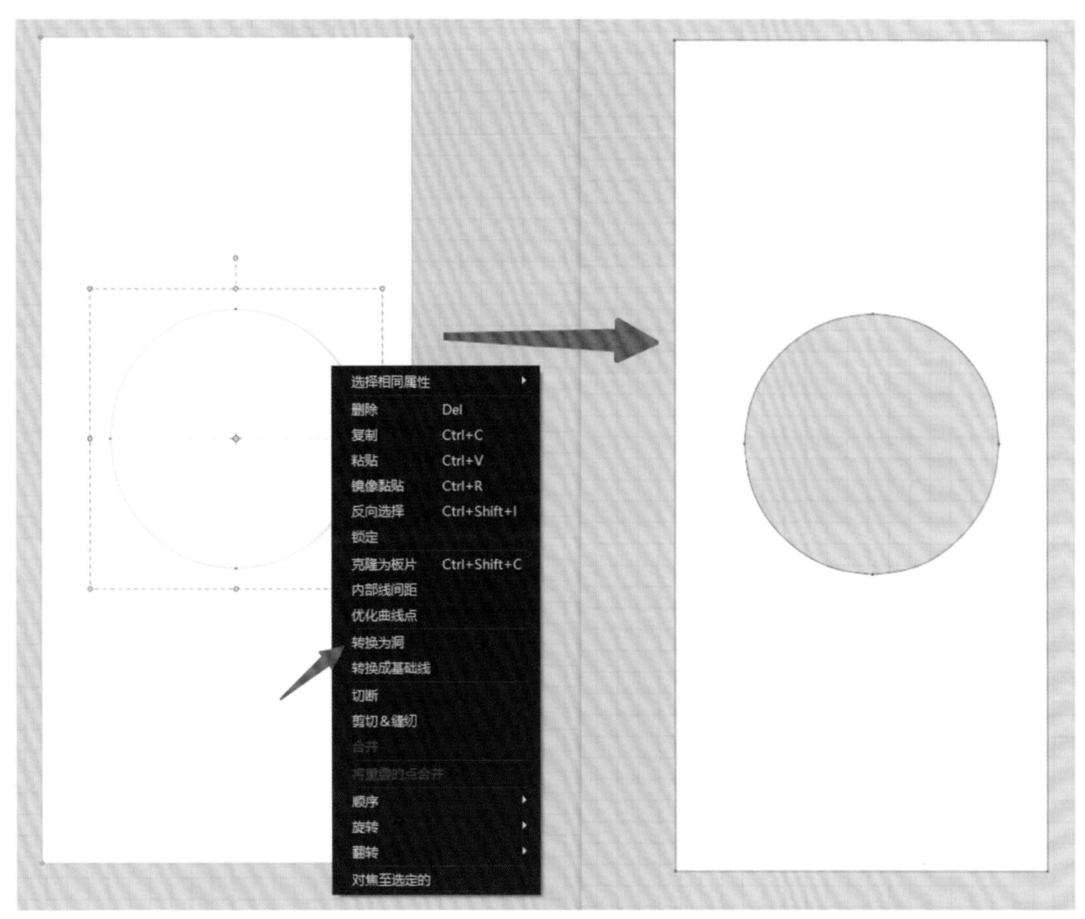

图 6-41　编辑板片

然后，设置渲染厚度，并关闭板片的边缘弯曲率；这里给板片更改颜色后会发现板片的正面和侧面的颜色是统一的，此时，可以在面料的属性栏中取消勾选“使用和前面相同的材质”，然后单独设置侧面的颜色，如图 6-42 所示。

小贴士：

在给服装丰富细节时，不需要模拟服装，在 3D 窗口中设置的面料颜色和虚拟模特的妆容等在渲染窗口都有色差，因此最终效果需要在渲染窗口查看并调整。

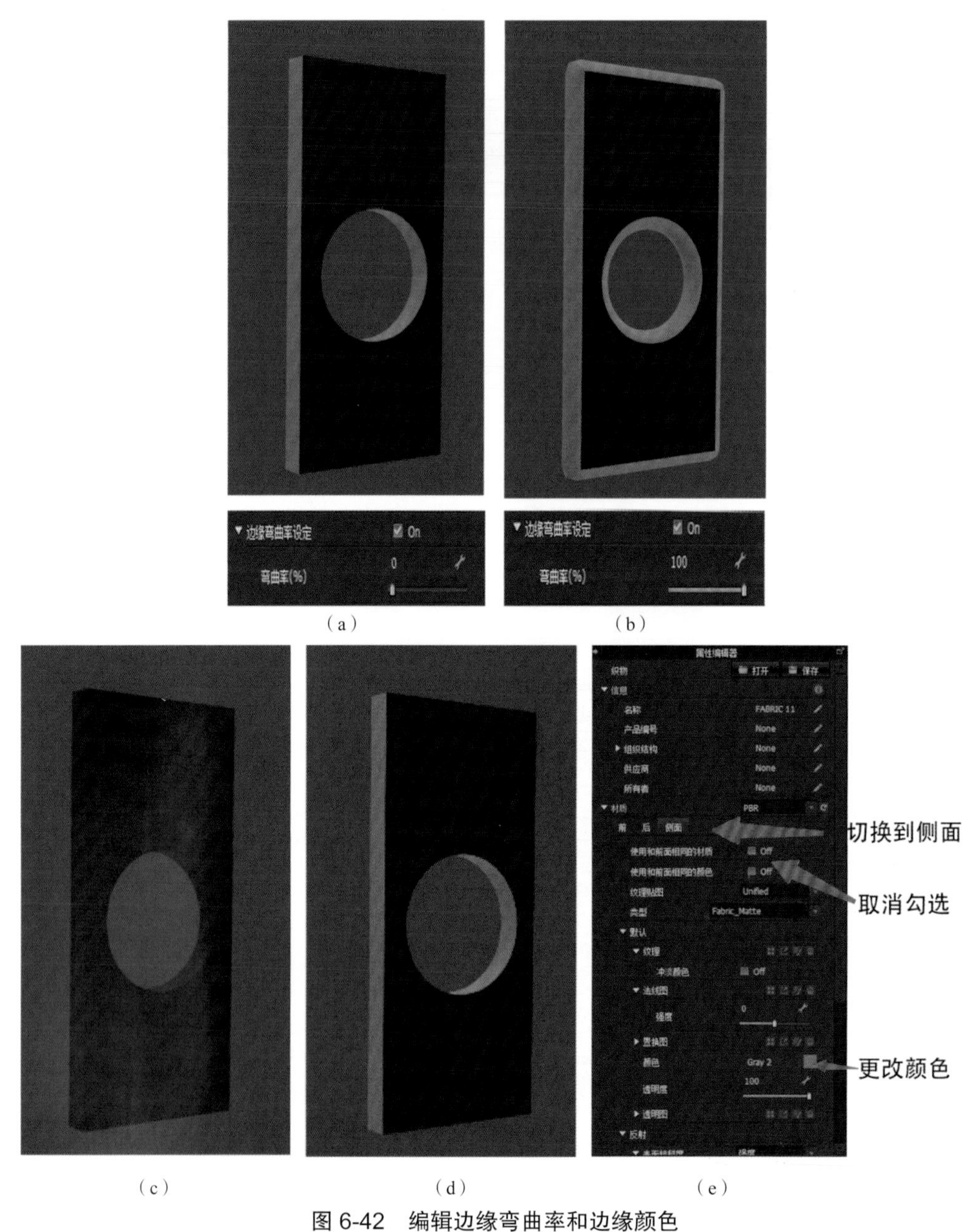

图 6-42 编辑边缘弯曲率和边缘颜色

(a)边缘弯曲率为 0 (b)边缘弯曲率为 100 (c)更改侧面颜色前 (d)更改侧面颜色后 (e)属性编辑器

第三节 渲染

进行高品质渲染可以快速在 3D 窗口得到有光影感的服装，如果对图片的质量和效果的要求不太高，可以在 3D 窗口中开启高品质渲染，然后“文件 > 快照 >3D 视窗”，这样就可以快速得到一张相对较高品质的渲染图，如图 6-43 所示。使用快照功能也能快速导出多视图，非常方便。

（a）

（b）

图 6-43 高品质渲染的效果

（a）高品质渲染前 （b）高品质渲染后

(一)渲染窗口

渲染窗口中有实时渲染、最终渲染、停止渲染等工具的按钮，如图 6-44 所示。

1. 实时渲染

实时渲染可以跟随着服装的调整，实时更新渲染效果，一般在调整服装属性、渲染环境时开启实时渲染，可以观察变化。

2. 最终渲染

在实时渲染状态下调试好服装属性和渲染环境后，开启最终渲染可得到最终的效果图。

3. 停止渲染

停止渲染可以随时终止实时渲染和最终渲染。

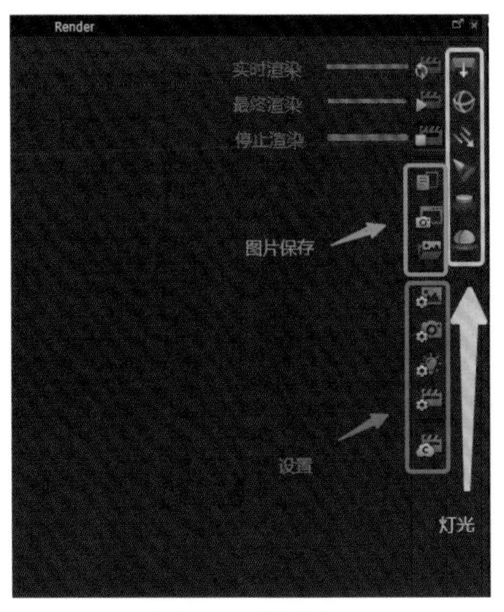

图 6-44 渲染窗口

（二）渲染厚度设置

为了使服装更接近实际服装，需要给板片设置渲染厚度。在窗口选择需要增加厚度的板片，然后在属性栏中“增加厚度－渲染”的数值，最后勾选边缘弯曲率即可，如图6-45所示。

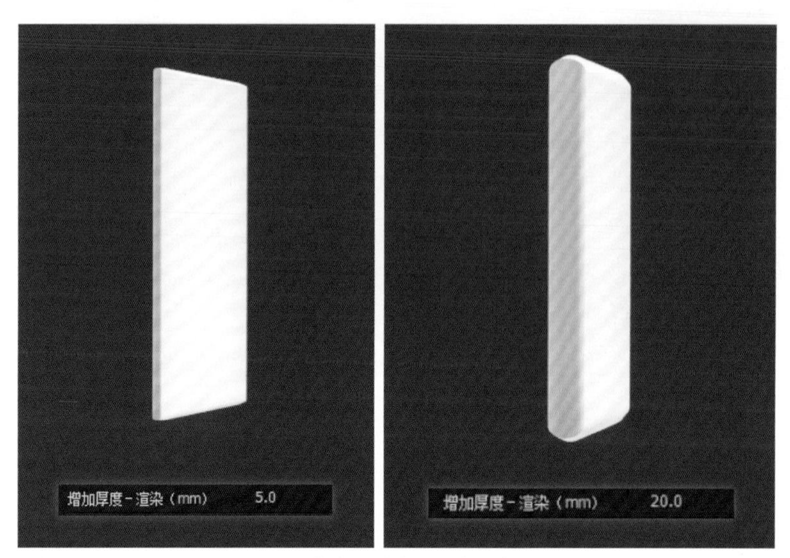

图6-45 渲染厚度数值对板片的影响

> 小贴士：
> 如果在设置了渲染厚度的数值后，3D窗口中的板片没有厚度变化，原因是显示模式不正确，将显示模式切换为浓密纹理表面即可。

（三）渲染材质设置

面料的不同类型在渲染窗口会呈现不同的效果。CLO3D系统的面料类型有14种，分别为Fabric_Matte（织物_哑光）、Fabric_Shiny（织物_有光泽的）、Fabric_Silk/Satin（织物_丝绸/色丁）、Fabric_Velvet（织物_丝绒）、Fur（毛发）、Gem（宝石）、Glass（玻璃）、Glitter（闪粉）、Iridescence（幻彩）、Light（灯光）、Leather（皮革）、Metal（金属）、Plastic（塑料）、Skin（皮肤）。渲染时，可以根据需要将面料设置为不同材质。

（四）灯光属性设置

渲染窗口中有六种灯光类型，分别是矩形灯、球形灯、方位灯、聚光灯、IES灯、天棚灯。可以根据需要选择补光灯，这些灯光均可在灯光设置里调整灯光的属性。选择补光灯后3D窗口会显示灯光模型，使用定位球工具将灯光模型移动到合适的位置，开启实时渲染观察渲染效果，如图6-46所示。开启最终渲染时，需要关闭灯光模型的显示。

HDR环境图是超越普通光照颜色和强度的光照，主要用来实现场景照明和模拟反射折射，从而使物体表现得更加真实。CLO3D系统自带了HDR环境图，可以根据渲染窗口的效果选择合适的HDR环境图。

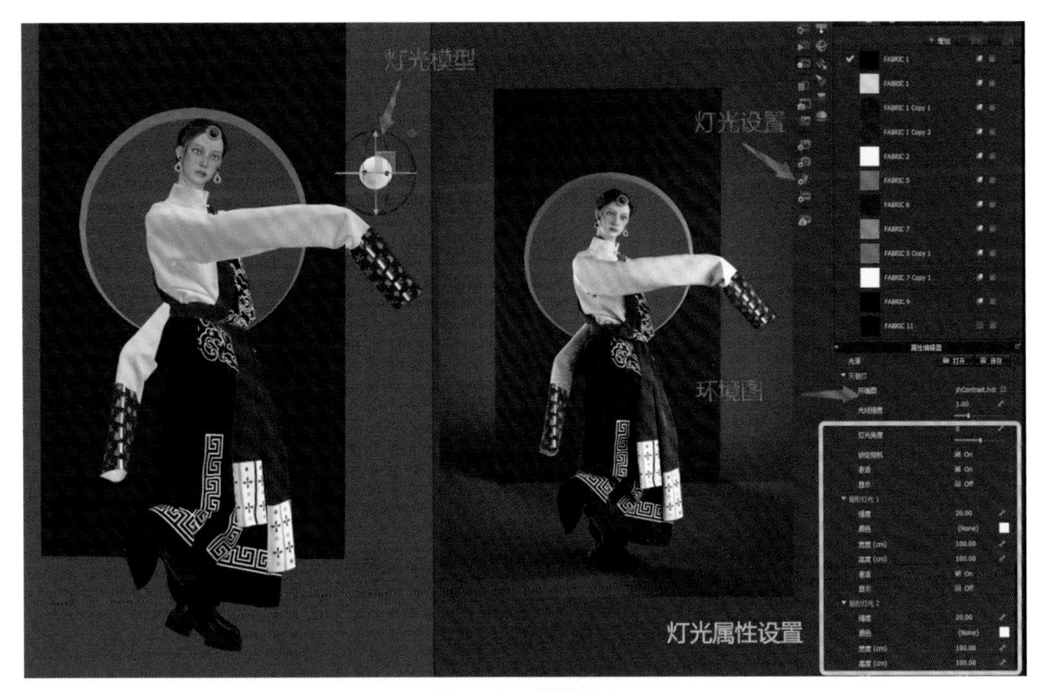

图 6-46　编辑灯光

(五)最终输出图片属性设置

开启最终渲染之前,需要先设置图片的大小和分辨率,尺寸大小影响渲染的清晰度,影响渲染耗时。可设置渲染的背景颜色,也可以导入图片作为渲染背景。本章中设置的是深灰色背景,如图 6-47 所示。最后需要设置图片保存路径,最终渲染完成的图片会自动保存到预设好的文件夹里。

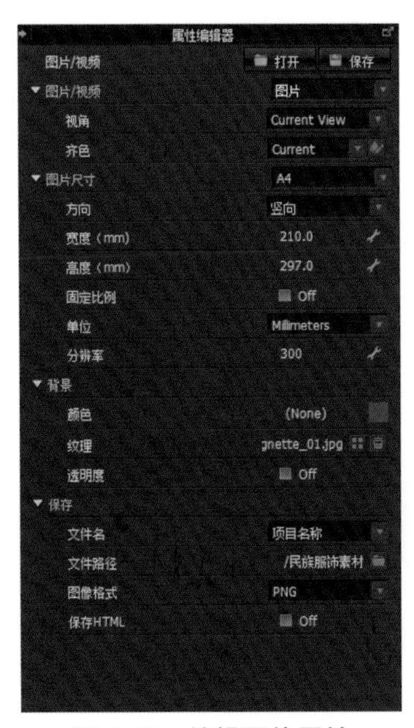

图 6-47　编辑图片属性

（六）镜头属性设置

镜头属性可以设置摄像机的镜头视野、视图方向、拍摄距离等。渲染时 CLO3D 系统会根据设置的镜头属性渲染。

（七）渲染属性设置

可在渲染设置中设置渲染的引擎（CPU/GPU）。如果电脑的显卡比较好可以使用 GPU 渲染，速度会更快一些。噪点值越小，渲染的精度越高，耗时也越久。渲染品质分为光源品质和材质品质，均分为四个等级：Low、Medium、High、Very High，用户可以根据需要选择。

（八）开启最终渲染

开启最终渲染，等待渲染进度达到 100%，最终渲染效果图即可自动保存到预设的文件夹里，最终渲染效果如图 6-48 所示。

图 6-48　最终渲染效果

第七章　数字化旗袍与走秀设计

第一节　服装建模

一、第一阶段：虚拟模特

在 Avatar 中加载一个 A-pose 虚拟模特，如图 7-1 所示。

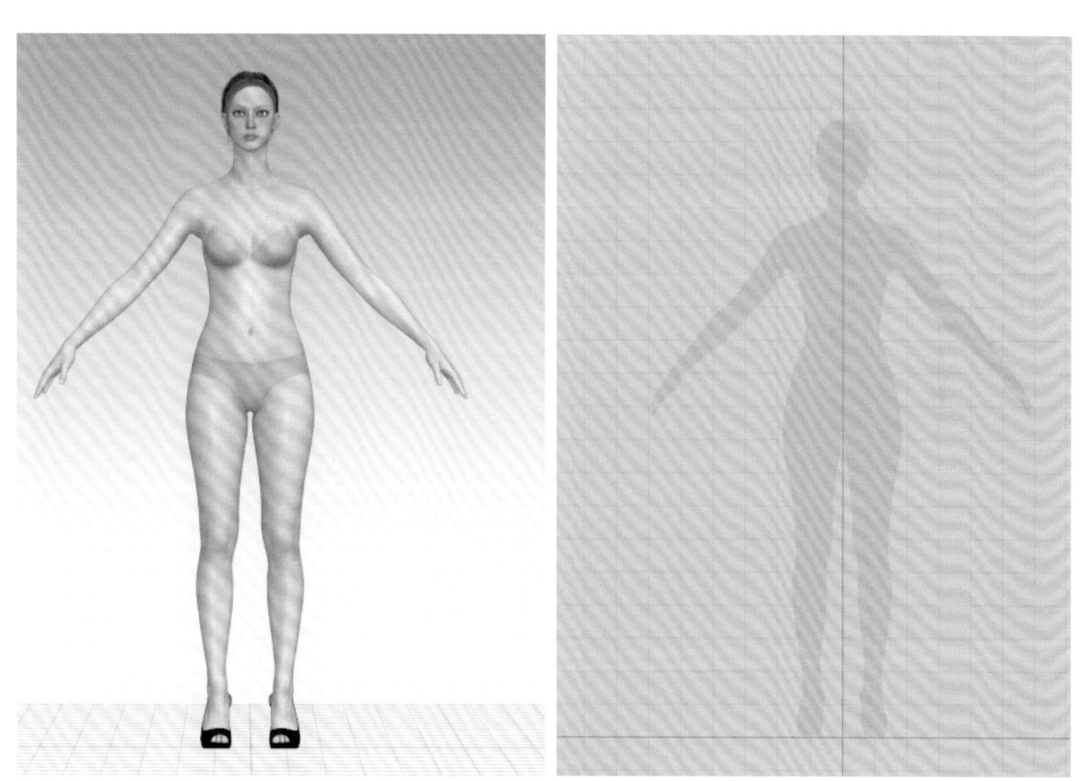

图 7-1　加载虚拟模特

二、第二阶段：导入板片

选择“文件 > 导入 >DXF”，将板片导入 CLO3D 系统，如图 7-2 所示。

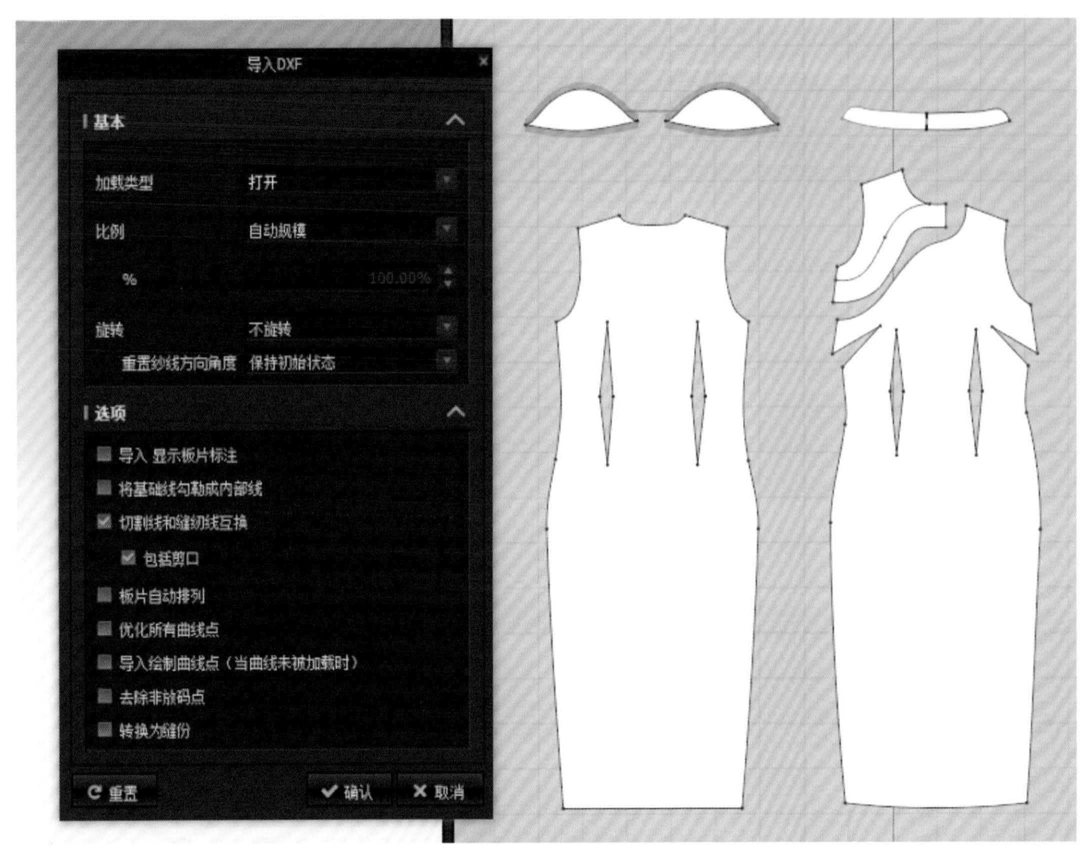

图 7-2 导入板片

小贴士：

如果 CLO3D 中已经存在正在制作的工程文件，导入 DXF 文件时，需要把加载类型改为增加，否则将会覆盖原有的工程文件。

三、第三阶段：模拟服装

（一）安排板片

打开安排点，将板片安排在安排点上。在属性栏里调整安排位置、间距和方向，使板片安排得更合理，如图 7-3 所示。

（二）缝纫板片

将板片缝合到一起，注意缝纫方向需一致，如图 7-4 所示。

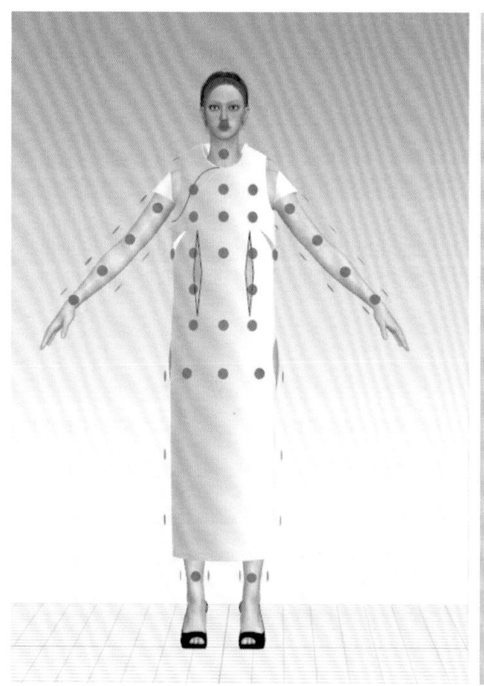
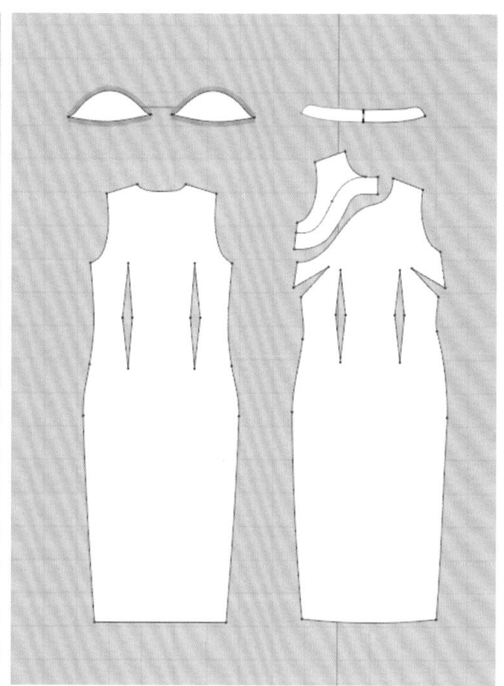

图 7-3　安排板片

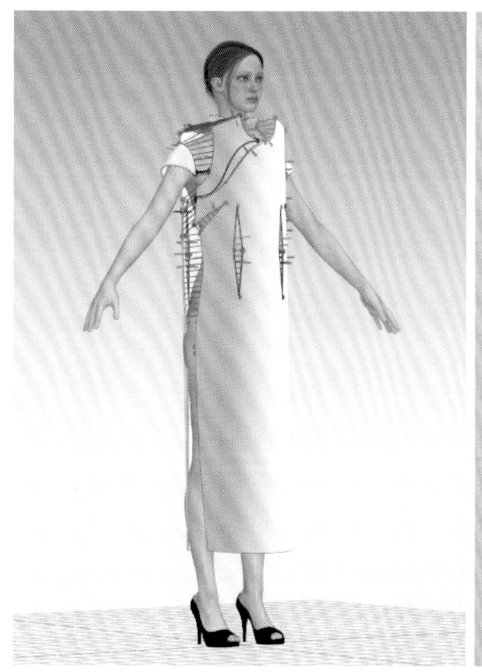
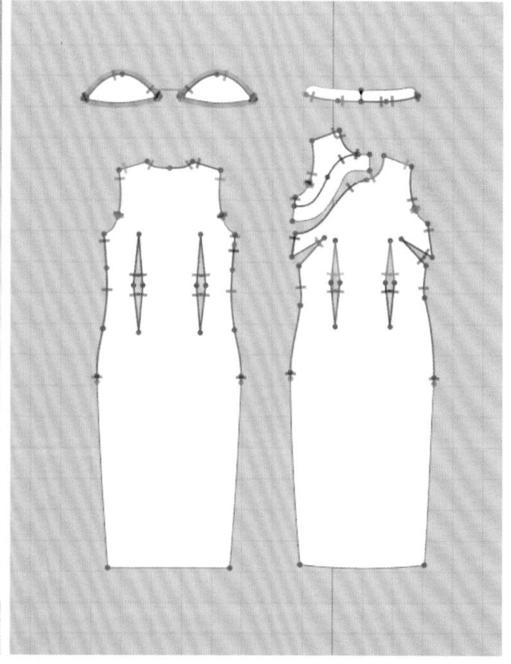

图 7-4　缝纫板片

（三）开启模拟

开启模拟，整理服装的穿着形态。打开压力图，观察服装是否穿着合适，如图 7-5 所示。

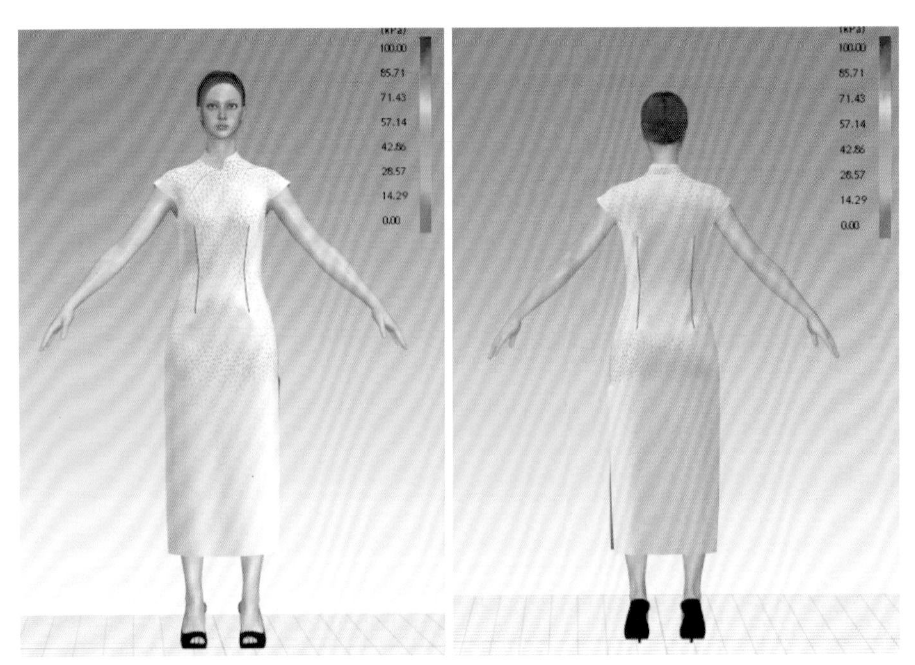

图 7-5 模拟板片并检查穿着形态

（四）制作包边

1. 分割包边

将鼠标停留在需要制作包边的边上，右击调出菜单栏，选择内部线间距，在弹出的对话框中设置好内部线的间距和数量（也可以使用内部线工具将需要包边的部分画出分割线）。也可选中内部线，右击调出菜单栏，选择“剪切 & 缝纫”，此时包边的部分被单独分割出来，如图 7-6 所示。

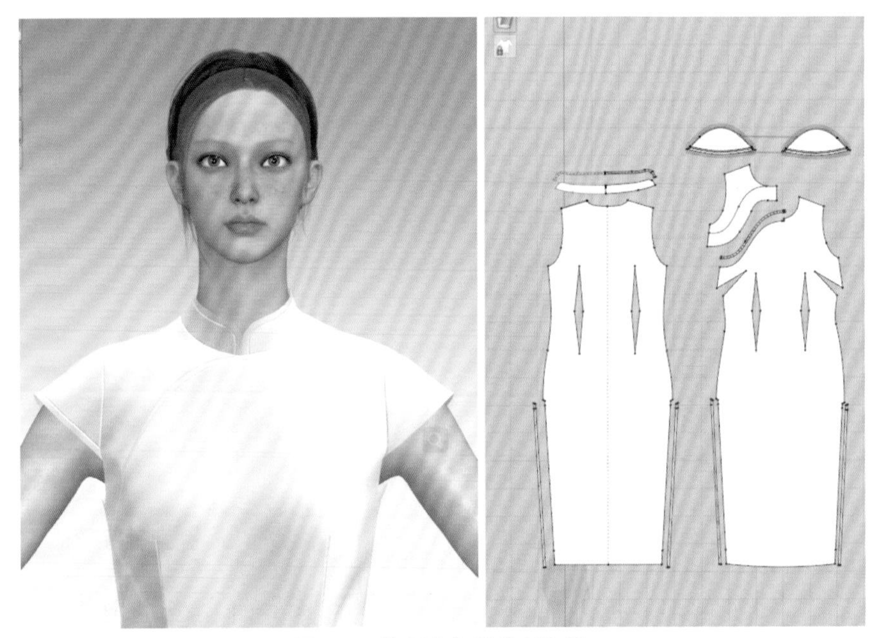

图 7-6 使用内部线分割包边

2. 增加厚度 - 渲染

选中所有的包边更改渲染厚度，将包边和大身的渲染厚度区分开来，如图 7-7 所示。

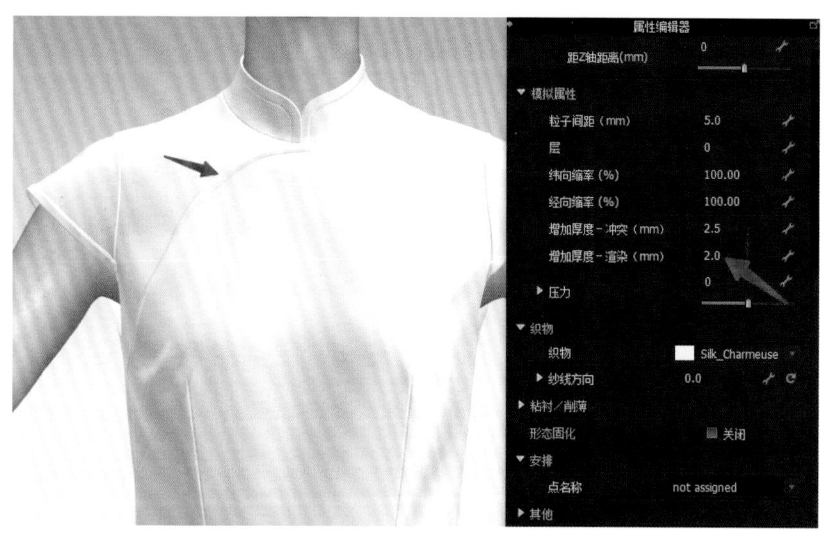

图 7-7　调整包边的厚度

3. 经、纬向缩率

如果袖口的包边有点起翘，可使用经、纬向缩率工具，其可以在不改变板片网格的情况下更改服装的长度或宽度。选中不服帖的包边，改变经向或纬向的缩率，使包边更服帖，如图 7-8 所示。

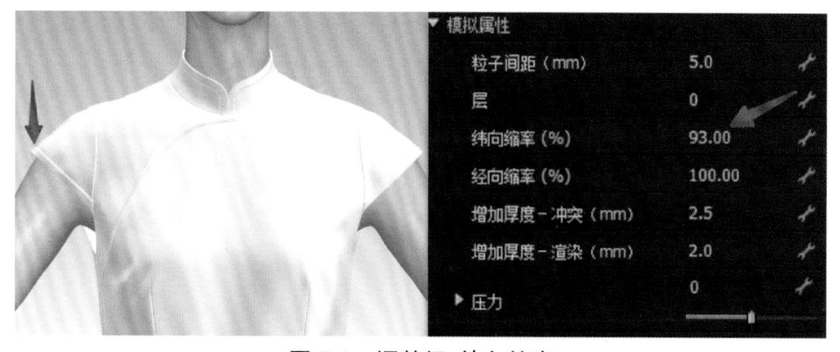

图 7-8　调整经、纬向缩率

（五）制作内衬

选择前片、后片、领子、袖子右击调出菜单栏，选择“克隆层（内侧）”，开启模拟。

（六）更换面料

在图库窗口中打开 Fabric 面料文件夹，找到 Silk（丝绸）面料，双击添加到物体窗口。单击面料并在属性栏中将面料的材质类型改为“丝绸”，调整表面粗糙度和反射强度。删除面料自带的纹理贴图，选择板片，将丝绸面料应用到对应的板片上，如图 7-9 所示。选中领子的板片，在属性栏中勾选粘衬，最后开启模拟。由于内衬、包边和大身板片的材质和颜色不同，需要根据颜色和材质赋予板片不同的面料。

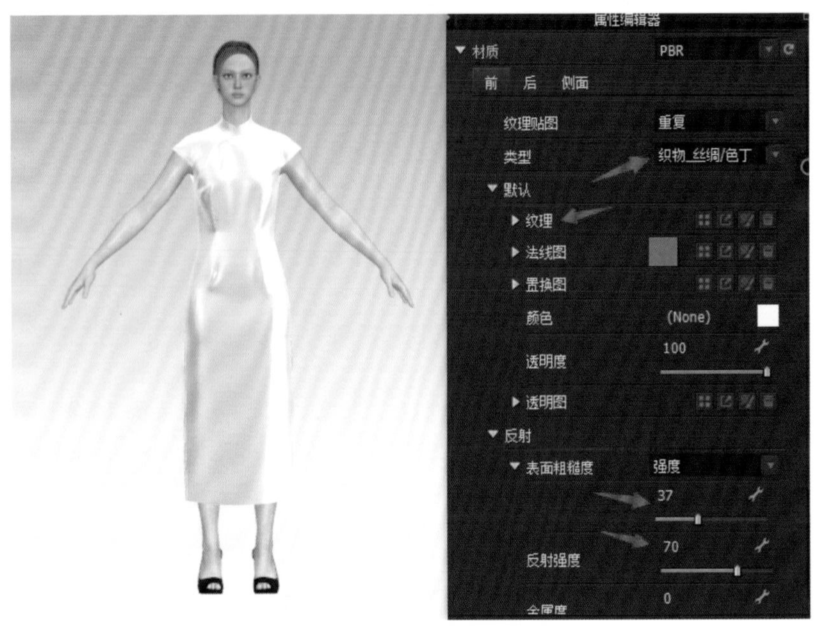

图 7-9 应用并调整面料

（七）提高服装品质

降低服装的粒子间距，设置虚拟模特的表面间距，降低厚度冲突，开启模拟，如图 7-10 所示。

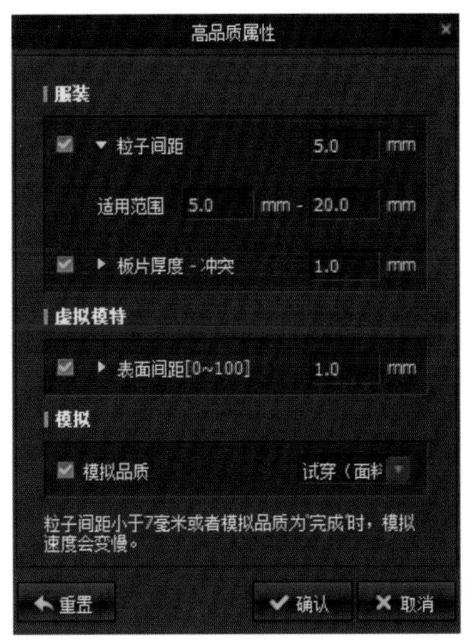

图 7-10 提高服装品质

（八）归拔

将缩率设为负数，使用归拔工具将其熨烫平整，如图 7-11 所示。

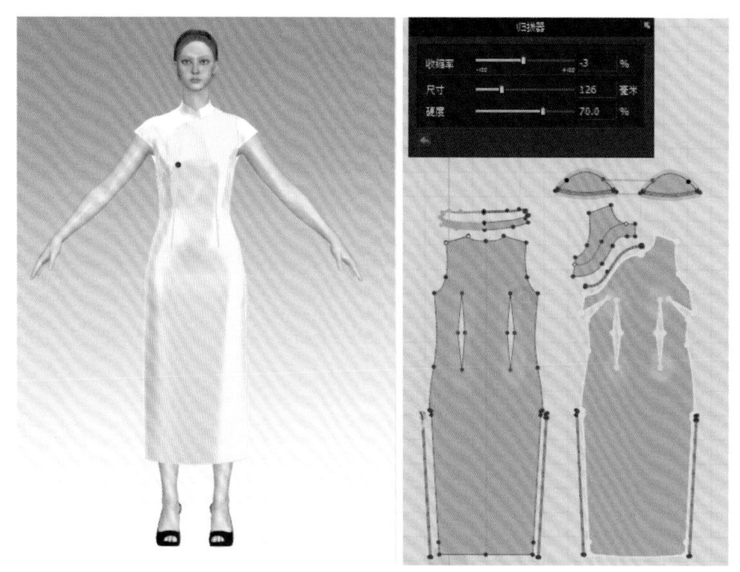

图 7-11　归拔不平整的部位

第二节　丰富细节

一、增加纽扣

在物体栏中将面料切换到纽扣，新建一个纽扣并单击，在属性栏中找到图形设置，点击右侧的“+”导入纽扣的 OBJ 和缩略图，并设置好尺寸，如图 7-12（a）所示。使用纽扣工具在 2D/3D 窗口中的板片上单击，在 3D 窗口使用定位球将纽扣调整到合适的位置，如图 7-12（b）所示。

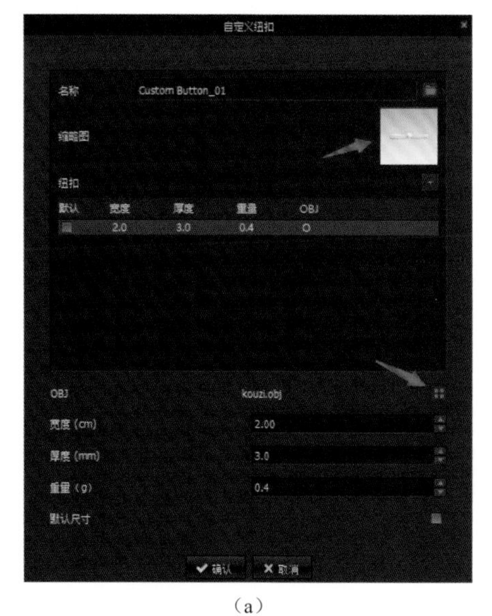

（a）

图 7-12　增加纽扣

（a）自定义纽扣菜单　（b）最终效果

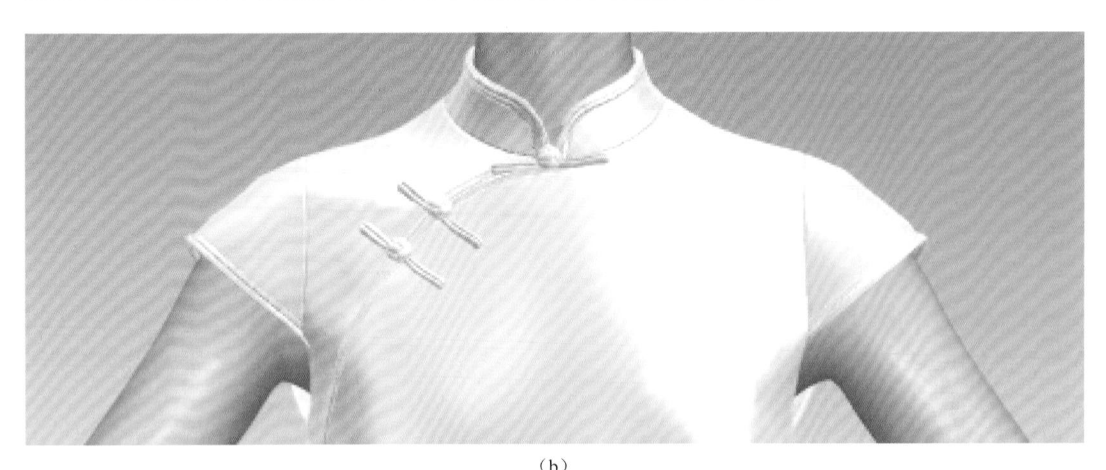

（b）

图 7-12　增加纽扣

（a）自定义纽扣菜单　（b）最终效果

二、纹理贴图

将印花贴图在 Photoshop 中处理成四方连续的图片，以纹理的方式导入 CLO3D 系统中，使用编辑纹理工具编辑纹理的比例。在模式窗口将模拟模式切换成印花排放模式，调整面料的印花，如图 7-13 所示。

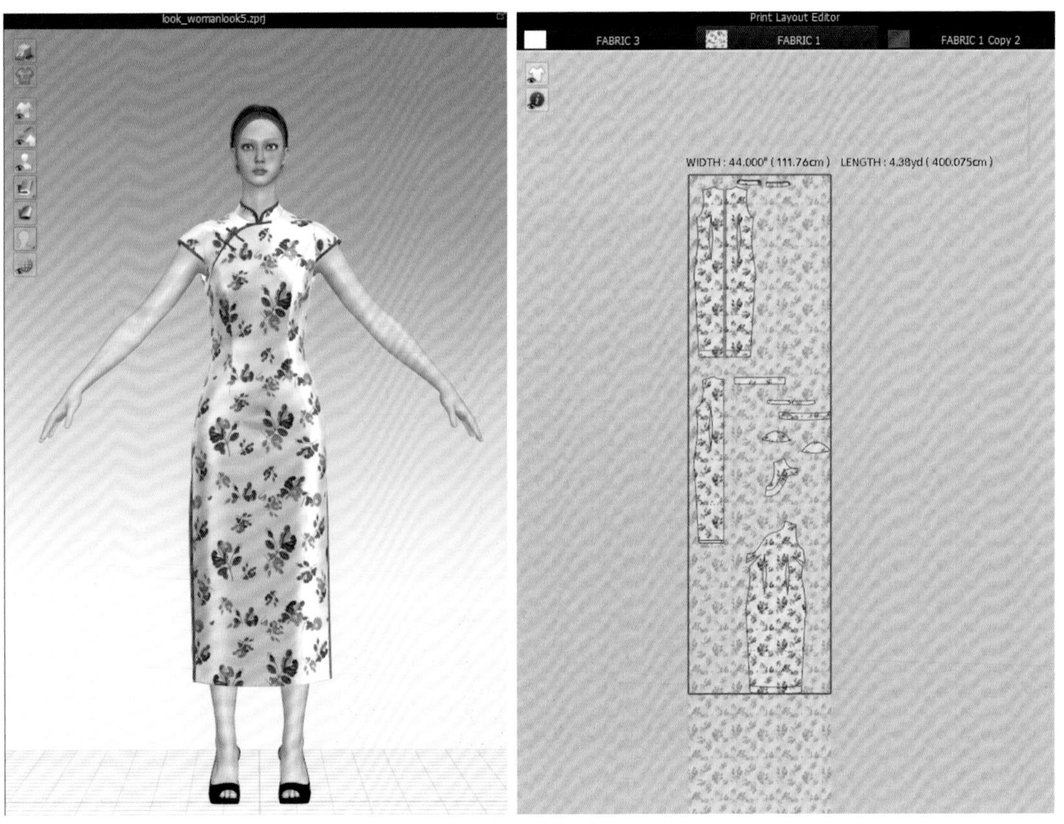

图 7-13　编辑纹理

第三节　录制走秀动画

(一)动画窗口的认识

在模式栏中将模式切换为动画模式,如图 7-14 所示。

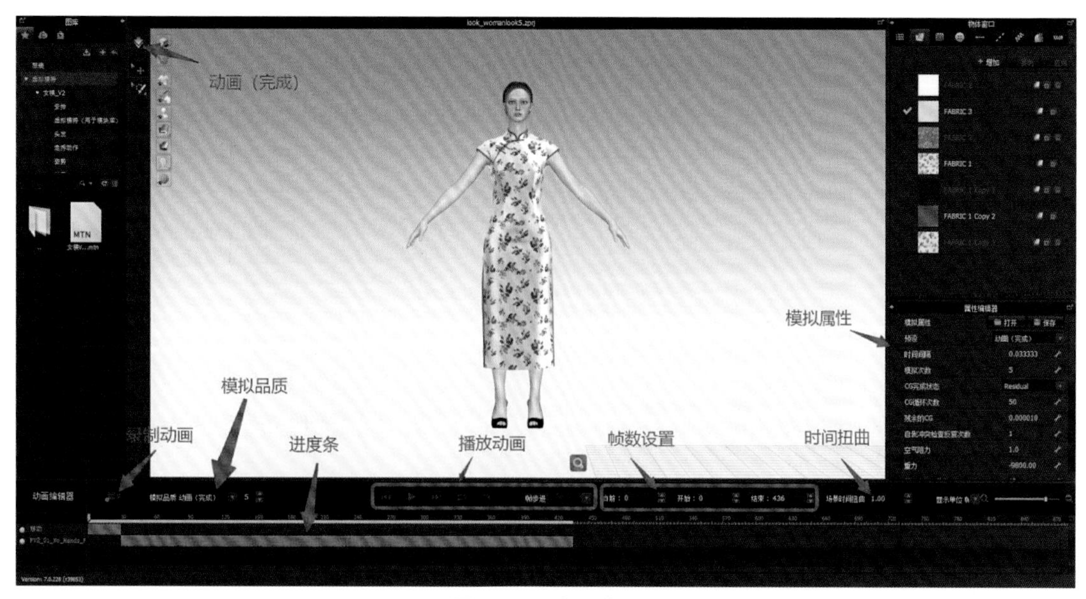

图 7-14　动画窗口

1. 动画(完成)

动画(完成)是专门用来模拟动画的模式,在开始走秀之前可以开启动画(完成)让服装模拟稳定。

2. 模拟品质

动画的模拟品质有三种:动画(完成)、普通速度(默认)、用户自定义。动画(完成)比普通速度(默认)的模拟品质更好,速度也更慢。模拟动画时,需要将模拟品质切换成动画(完成)。

3. 场景时间扭曲

设置场景时间扭曲会将进度条的时间按照设置的倍数变长或缩短。倍数越大,模拟时间越久,模拟品质越高。录制时如果出现动画的帧数比较少,模特每一帧的动作幅度比较大的问题,以及面料比较轻柔、板片比较大的裙子会出现动作已经更改,但是面料却还停留在上一帧的位置的问题,就有一种面料不跟着模特走的感觉,其实就是因为帧与帧之间的间隔太小了,上一帧动画还没有完全模拟完毕就到下一个动作了。遇到上述问题时,可以更改场景扭曲时间,以增加动作帧数,这样会使服装模拟更加稳定。

4. 进度条

进度条可以查看动画完成进度,拖动进度条可以查看动画,右击可以删除动画。

5. 录制按钮

全部准备就绪后，点击录制按钮即可开始录制走秀动画。

6. 播放动画

录制动画后，可以播放动画查看走秀的效果，可以根据需要在动画编辑器里设置帧步进或实时播放模式，还可以选择倍速播放和循环播放，也可以拖动进度条播放以便查看更多服装模拟的细节。

（二）加载动作

在图库中找到虚拟模特所在的文件夹，打开动作文件，双击MTN格式的文件；窗口弹出对话框，点击“确认”即可加载动作，如图7-15所示。

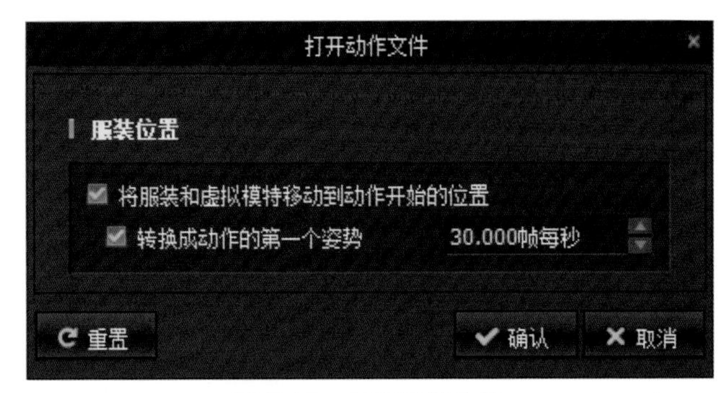

图7-15 打开动作文件

（三）加载场景

在图库窗口中打开Stage文件夹，双击缩略图加载舞台，如图7-16所示。在弹出的菜单栏中将打开切换为增加，否则原有的服装文件会被替换。

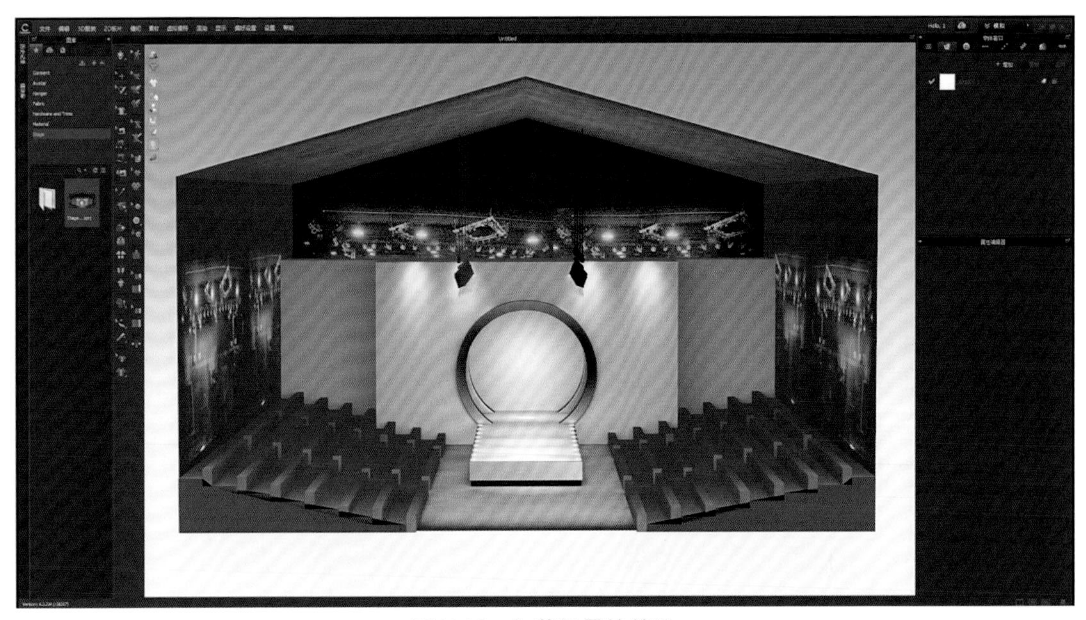

图7-16 加载场景的效果

（四）风控制器

风控制器可以在录制动画时让服装有被风吹动的效果。在主菜单栏中分别选择“显示 > 环境 > 显示风控制器”，在 3D 窗口中找到风控制器的位置，并用定位球将风控制器拖动到合适的位置。

风控制器分为 Planar 和 Spherical。Planar 是以风控制器为基点往指定的方向吹风；Spherical 是吹球形风，即以风控制器为基点四处吹风。点击风控制器可以在属性栏中设置风控制器的属性，如图 7-17 所示。其中，提高力度会让风力提升；衰减值是风力以抛物线形式衰减的程度，数值为 0 的时候，吹的是直线风；频率用来设置风的频率，根据设置的秒值，风会反复地忽强忽弱，数值为 0 时意味着没有频率，保持恒定速率吹风；气流用于设置风的不规则吹动，数值越高，气流越不规则。

图 7-17　设置风控制器的属性

（五）优化动画

1. 优化服装

开始录制动画前，可以先优化动画，对于比较细小的板片（如肩带）其在模拟动画时很容易滑落，有以下解决办法：①可以通过降低板片粒子间距和增加面料摩擦系数来防止滑动；②使用固定针将小板片固定到虚拟模特上；③使用假缝工具将小板片固定到其他板片上或固定到虚拟模特上（在属性栏中可以设置假缝线的长度）。

2. 优化面料

面料的物理属性会影响面料的回弹效果，内部的 Damping 是面料的回弹系数。将这个数值提高后，面料会有阻力（如在水中），回弹比较慢。面料的密度也会影响动画的模拟效果，提高密度，则面料变重，面料更贴紧虚拟模特，褶皱更明显，所以看起来更柔软。

（六）开始录制动画

服装调整好后，点击录制按钮，等待进度条走完，播放动画查看走秀效果，如图 7-18 所示。

小贴士：

录制动画时，如果发现穿模、模拟不稳定等问题，可以先暂停录制找出原因；然后将进度条往回拖，直到模拟正常的地方；调整后，再次点击录制动画，动画会继续模拟并覆盖模拟异常的动画。

常见的穿模和不稳定的问题有以下原因：①层次间的穿插，可以选中板片并在属性栏中调整板片层次；②服装与虚拟模特的穿插，一般鞋子、手和头发比较容易和服装发生穿模，可以先暂停模拟，将进度条拖回到正常地方多模拟几次，如果穿模问题还是不能解决，就需要将动画导到其他软件处理一下动作。

图7-18 查看动画效果

（七）渲染动画

将动画录制好后，打开渲染窗口，在图片设置里将图片更改为视频，设置视频的尺寸、背景、镜头属性、灯光属性等，最后开启最终渲染，如图7-19所示。等待所有帧数都渲染完成，即可得到一段高清的渲染走秀视频。

小贴士：

本章介绍了旗袍的虚拟制作过程和走秀流程。如果需要制作动画，那么在进行模拟时，每一步都需要保证模拟稳定，否则在制作模拟动画时非常容易出现不稳定的情况。模拟走秀时可以使用层级、固定针、假缝工具，使服装解算更稳定。面料的物理属性直接影响走秀时服装的动态效果，因此一定要设置准确。要想模拟服装动画时更生动，可以适当给场景中加一些风。开始录制最终动画之前，要将模拟品质切换到动画（完成）。

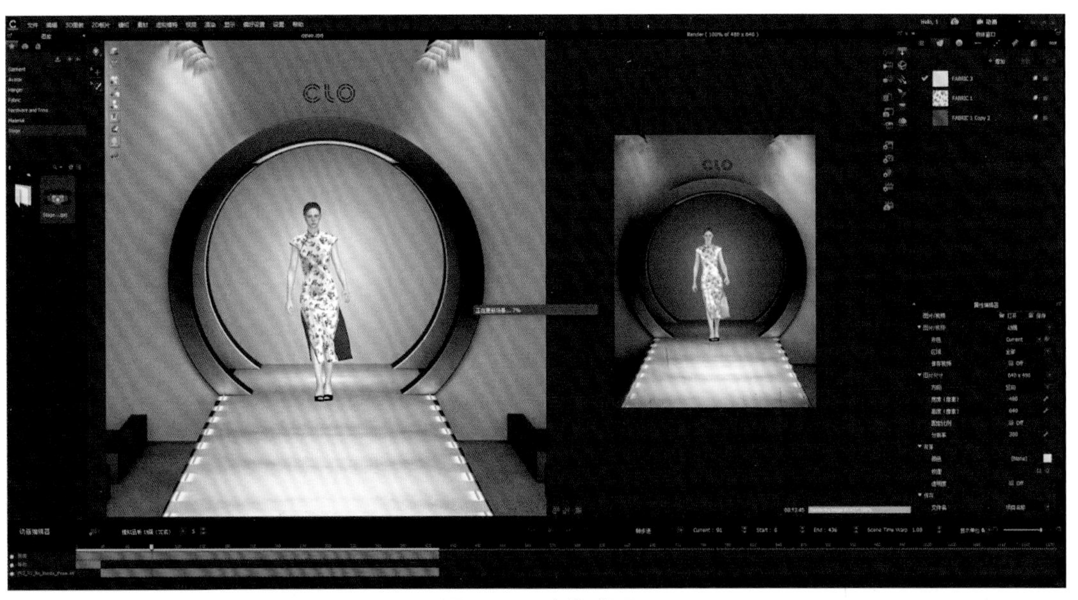

图 7-19 渲染动画

第八章　数字化服装与场景设计

第一节　制作服装

一、第一阶段：导入虚拟模特

打开 Avatar 文件夹，双击加载虚拟模特，如图 8-1 所示。

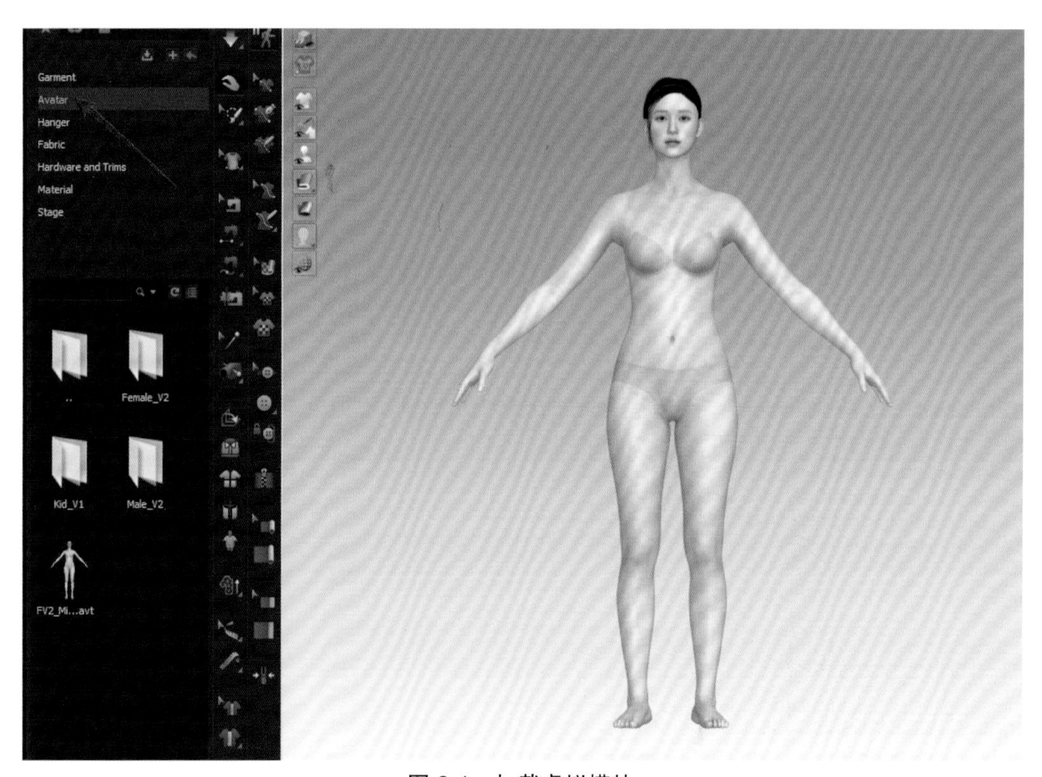

图 8-1　加载虚拟模特

二、第二阶段：导入板片

导入在 CAD 中制作好的 DXF 格式的板片，如图 8-2 所示。

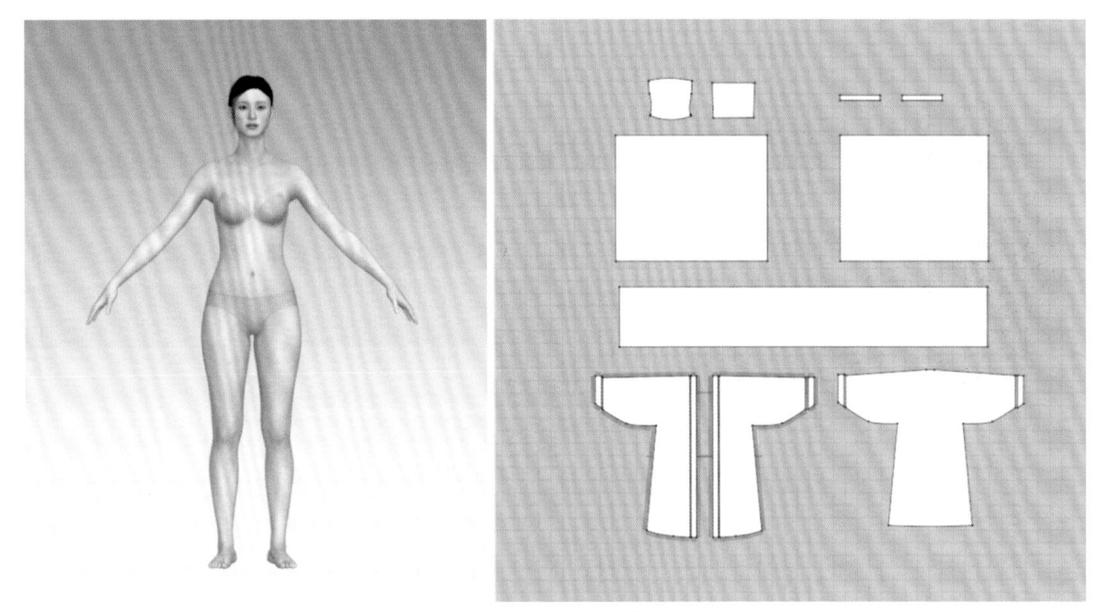

图 8-2　导入板片

三、第三阶段:模拟服装

(一)模拟百褶裙

选中矩形板片的宽边,在两条边之间生成内部线,扩充数量为 40,选中所有内部线,如图 8-3 所示。右击调出菜单栏,选择“对齐到板片外线增加点”。

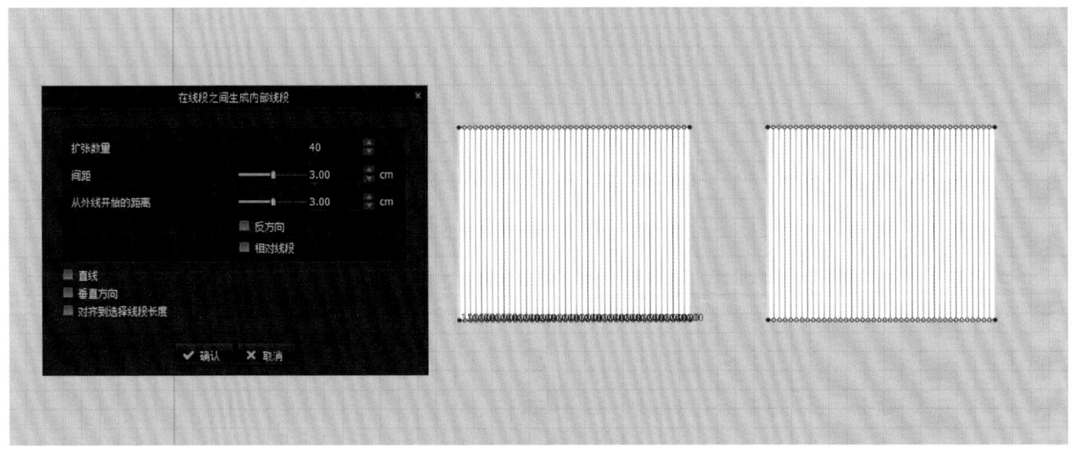

图 8-3　增加褶裥辅助线

使用翻折褶裥工具在“A”点单击,用鼠标拖动到“B”点双击,然后在弹出的菜单栏中选择需要制作褶的类型,如图 8-4 所示。

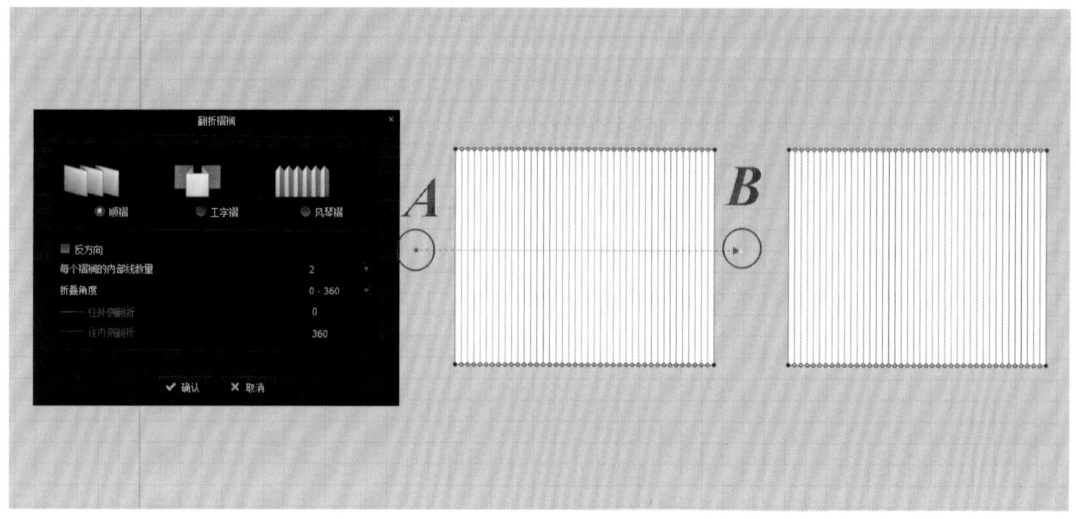

图 8-4　设置褶裥属性

使用定位球将板片安排在虚拟模特附近（这里不要用安排点）。如果使用安排点安排板片，在模拟服装时会使褶裥在开启模拟后出现内部线角度错乱的问题，从而使板片模拟不稳定，调整起来比较费时间。因此在模拟百褶裙时，可以先将腰头的板片冷冻住，使用缝纫褶裥工具将腰头与褶裥缝合到一起，如图 8-5 所示。降低板片的粒子间距，然后开启模拟，等待所有褶裥都模拟稳定。最后将前片与后片缝合到一起，将腰头板片解冻，开启模拟，等待模拟稳定。模拟好后，可以将腰头冷冻，以免在后续模拟中滑落，如图 8-6 所示。

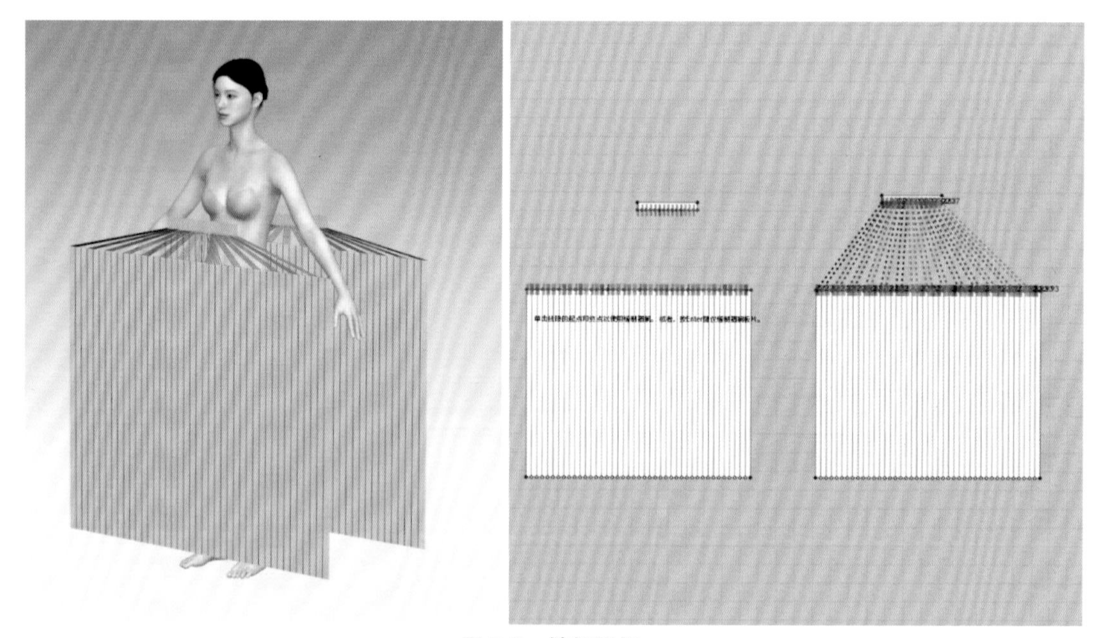

图 8-5　缝纫褶裥

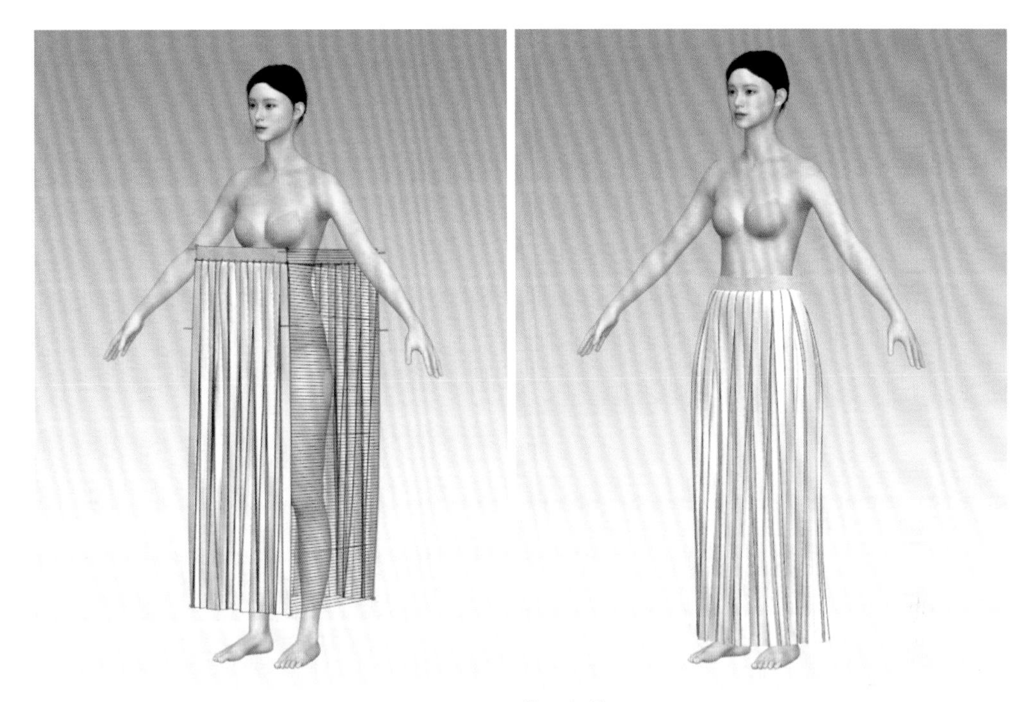

图 8-6 模拟板片

（二）模拟抹胸

使用安排点将抹胸的板片安排在正确的点位上，将前片与后片缝合，然后开启模拟并等待板片模拟稳定，最后将板片的形态调整好并冷冻，如图 8-7 所示。

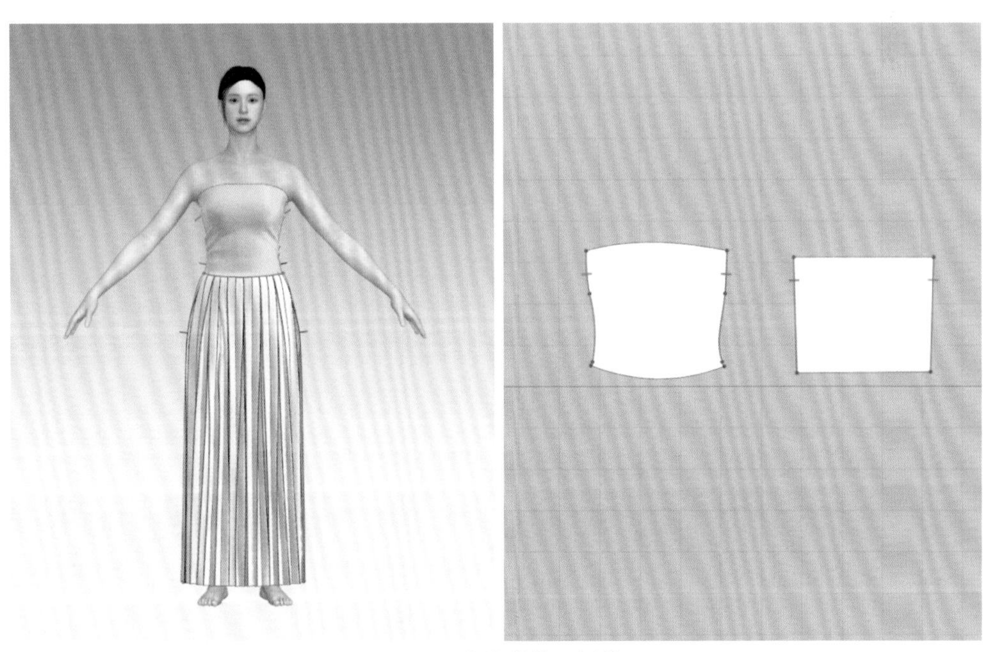

图 8-7 安排并模拟板片

（三）模拟上衣

将上衣的板片安排在虚拟模特附近，将所有的板片缝合，开启模拟等待板片模拟稳定即可，如图 8-8 所示。

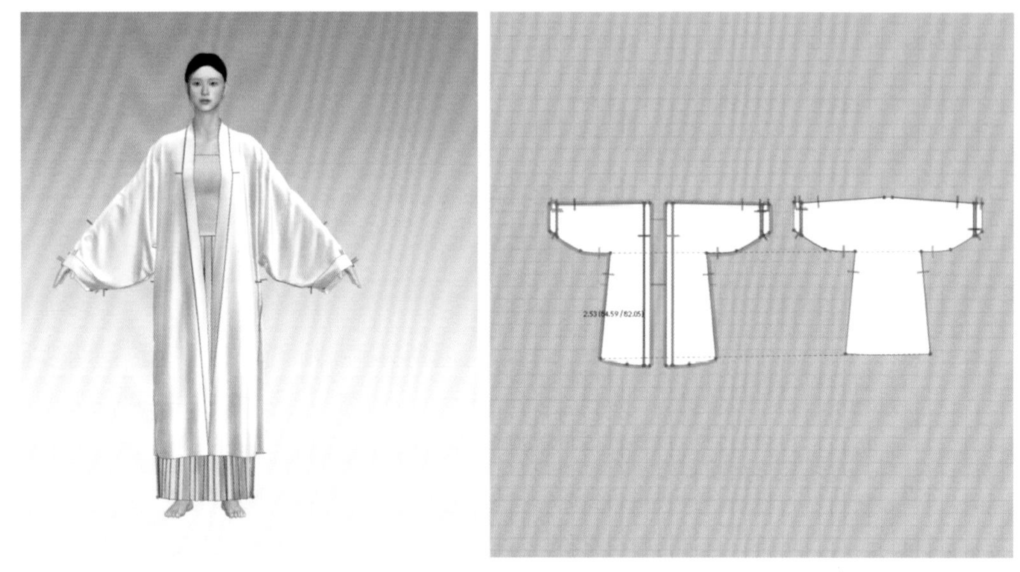

图 8-8　模拟板片

（四）模拟披帛

将披帛的板片使用定位球安排在虚拟模特的后面，使用固定针将板片的两端固定，在开启模拟的状态下，移动固定针将板片两段牵引到虚拟模特的前方，如图 8-9 所示。删除所有固定针并开启模拟，如图 8-10 所示。为了使披帛在更换虚拟模特的动作时不滑落，可以使用假缝工具将披帛固定到上衣上。

图 8-9　固定板片

图 8-10　模拟板片

四、第四阶段：模拟鞋子

（一）制作鞋底

选择所有的服装板片将其反激活捷键快【Ctrl+J】并隐藏快捷键【Shift+Q】；使用创建矩形工具创建一个矩形，在3D窗口使用定位球工具将板片移动到虚拟模特的脚底；将面料的透明度降低，使板片在底视图能清晰看见虚拟模特的足底轮廓。在3D窗口的空白处右击鼠标调出菜单栏，在菜单栏中选择“下”将视图切换到底视图。在3D窗口选择“3D画笔（服装）”工具，在板片上画出足底的大致轮廓，右击鼠标将勾勒的图形转换为内部线，如图8-11所示。

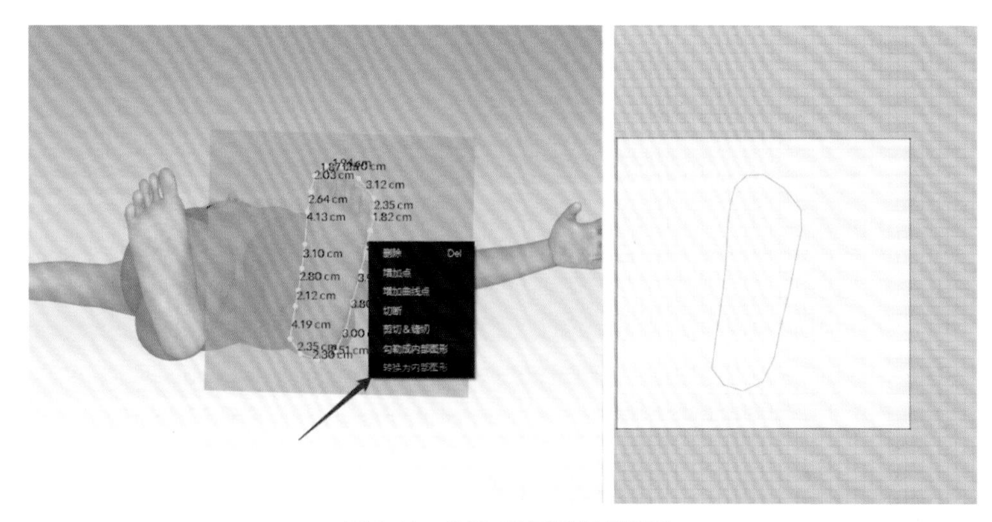

图8-11　使用3D画笔创建图形

在2D窗口中，选择勾勒的内部线并将其切断，删除多余的板片，使用板片编辑工具将外轮廓勾勒圆顺。在3D窗口中，将板片调整到合适的位置。在2D窗口中选中板片右击调出菜单栏，选择“克隆层（外部）”，然后删除克隆自带的缝线，使用定位球将两个板片分开，使两个板片平行，如图8-12所示。

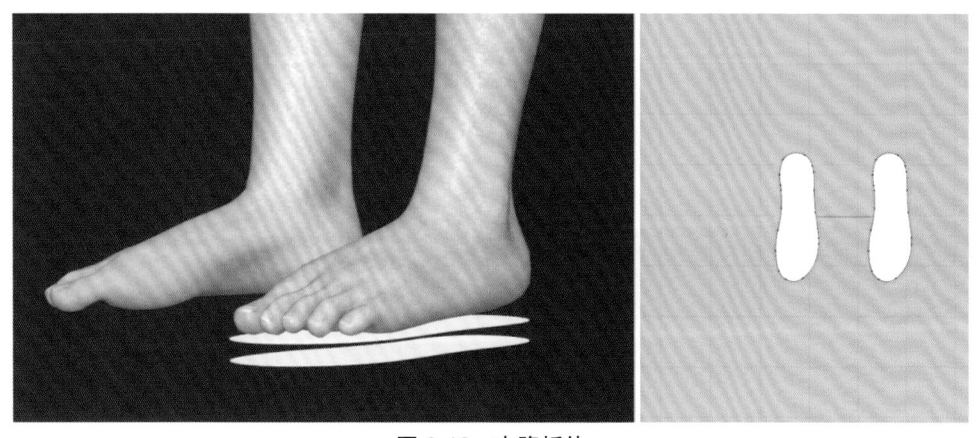

图8-12　克隆板片

测量鞋底板片的周长，并以此长度创建一个等长的矩形，将宽度设置为 1 cm。将矩形板片分别与鞋底的板片缝合起来，如图 8-13 所示。

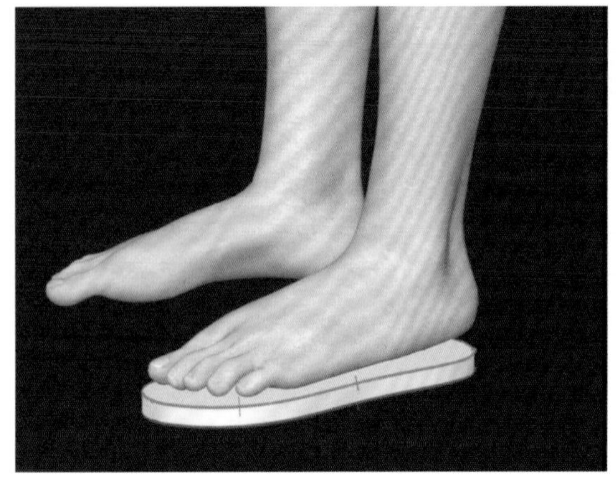
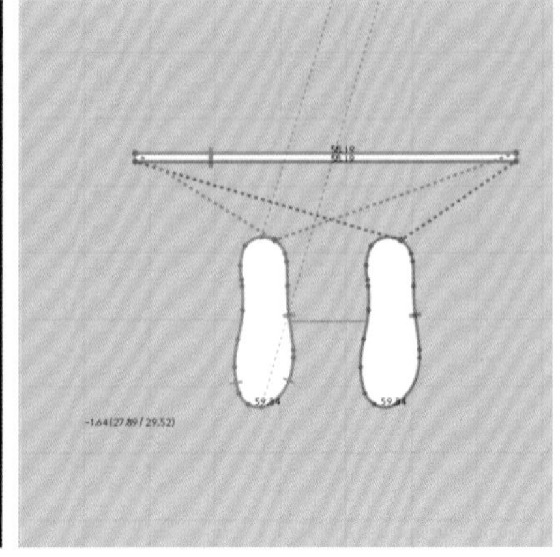

图 8-13 缝纫并模拟板片

（二）制作鞋面

使用创建多边形工具，创建一个多边形板片，复制板片并镜像粘贴，如图 8-14 所示。将鞋面的板片与鞋底缝合在一起，将板片硬化，然后开启模拟，根据 3D 窗口中的效果调整鞋面板片的形状，确认好最终效果后将鞋面板片冷冻。选中鞋面板片，右击调出菜单栏选择“克隆层（内部）”，开启模拟将板片模拟稳定。最后，给鞋面的板片增加渲染厚度。

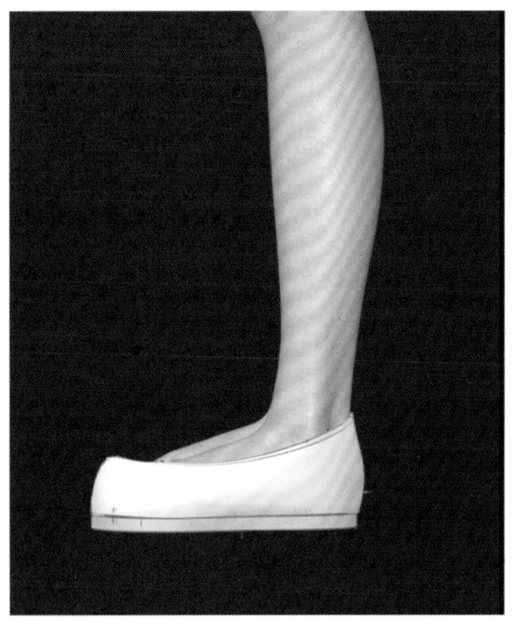
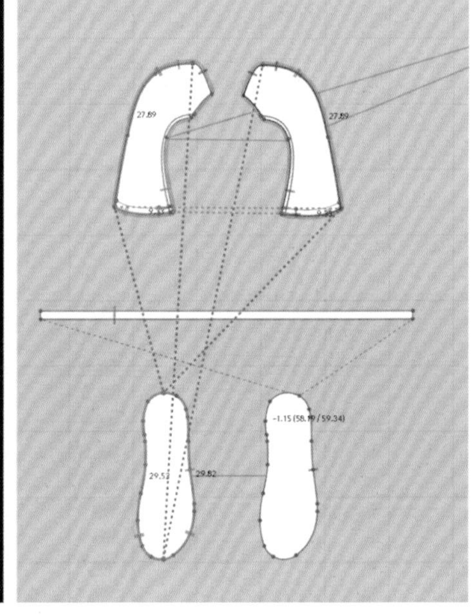

图 8-14 创建并模拟鞋面的板片

创建一个矩形并缝合在后跟处，如图 8-15 所示。

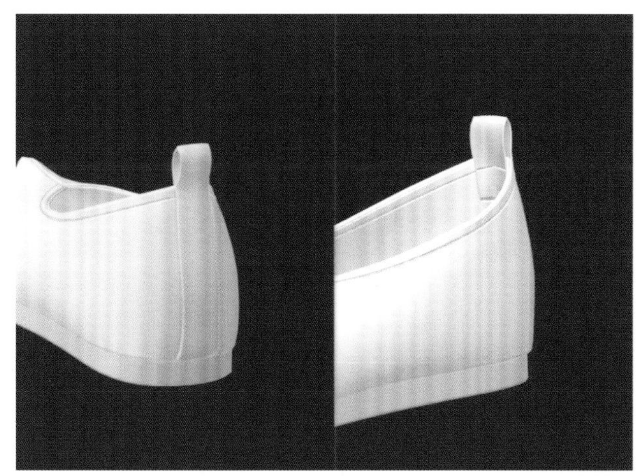
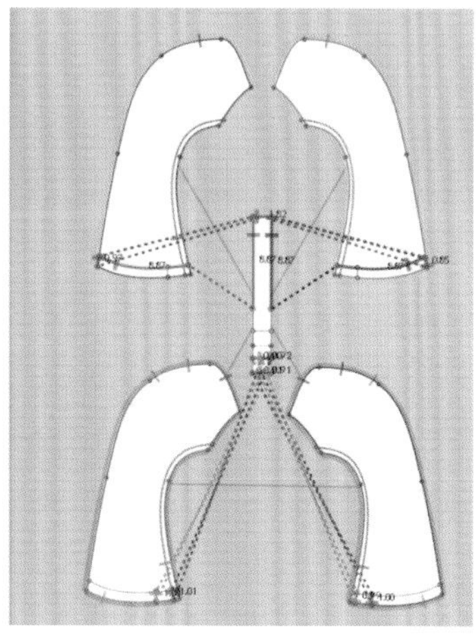

图 8-15　缝合并模拟板片

使用纽扣工具添加一颗纽扣，在物体窗口中双击纽扣，在属性栏中将图形改为圆形，设置纽扣的宽度和厚度，将材质改为“Plastic”，如图 8-16 所示。选中整个鞋子的板片，复制并镜像粘贴，即可得到一双鞋，最后将所有板片冷冻。

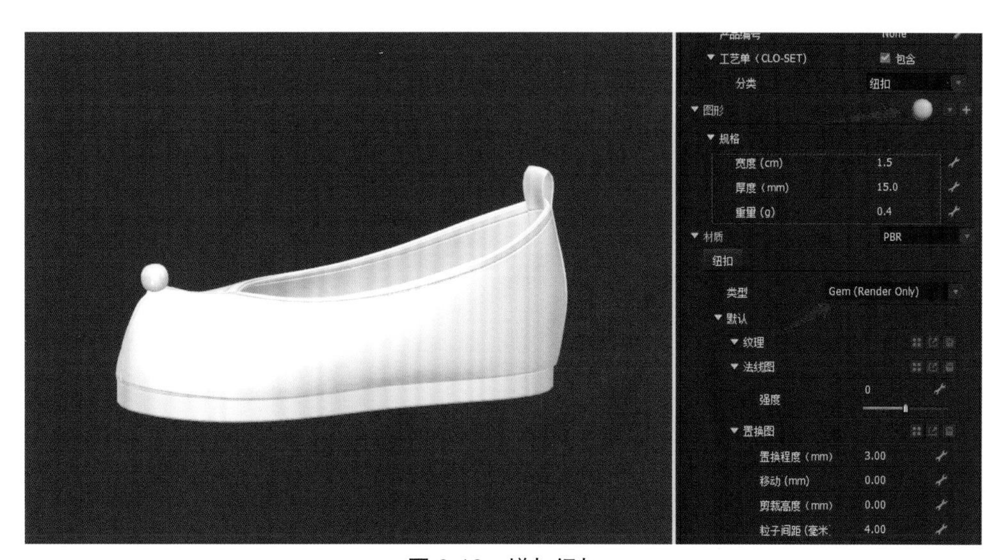

图 8-16　增加纽扣

五、第五阶段：更换动作

重新打开一个 CLO3D 窗口，加载虚拟模特，打开“X-Ray 结合处”，调整虚拟模特的动作。选中虚拟模特，在菜单栏里将模特另存为姿势。将所有的服装板片解冻（注意鞋子不要参与模拟，应将鞋子的板片冷冻或反激活），将姿势导入并等待姿势动画模拟完成；降低板片粒子间距为 5~10，然后开启模拟调整服装的整体形态；最后，选中鞋子的板片使用定位球移动到与脚部贴合，如图 8-17 所示。

图 8-17　更换动作

第二节　场景和道具

部分场景与道具需要在其他 3D 软件中制作，可以在一些 3D 网站中下载一些合适的道具，然后导入 CLO3D，经过组合、摆放使画面更加丰富。

一、场景

导入提前下载好的 OBJ 文件，导入形式选择虚拟模特，使用定位球工具将导入的物体摆放在合适的位置，如图 8-18 所示。

图 8-18　导入场景

将虚拟模特和服装反激活并隐藏。使用创建矩形工具创建一个矩形，矩形面积可以做大一些，将矩形板片移动到附件的上方并开启模拟；降低板片的粒子间距，在 3D 窗口中拽动板片，使板片自然地搭落在道具上，如图 8-19 所示。

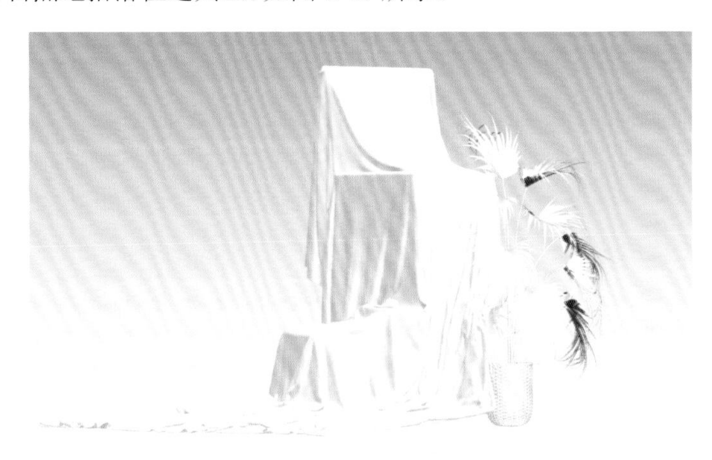

图 8-19　创建并模拟板片

创建一个矩形作为地面，使用定位球将板片移动到物体的最下面。再创建一个矩形作为背景墙，使用内部线工具画出窗户和屏风的形状，将内部线切断，删除需要镂空的部分。最后给板片设置不同的渲染厚度，如图 8-20 所示。

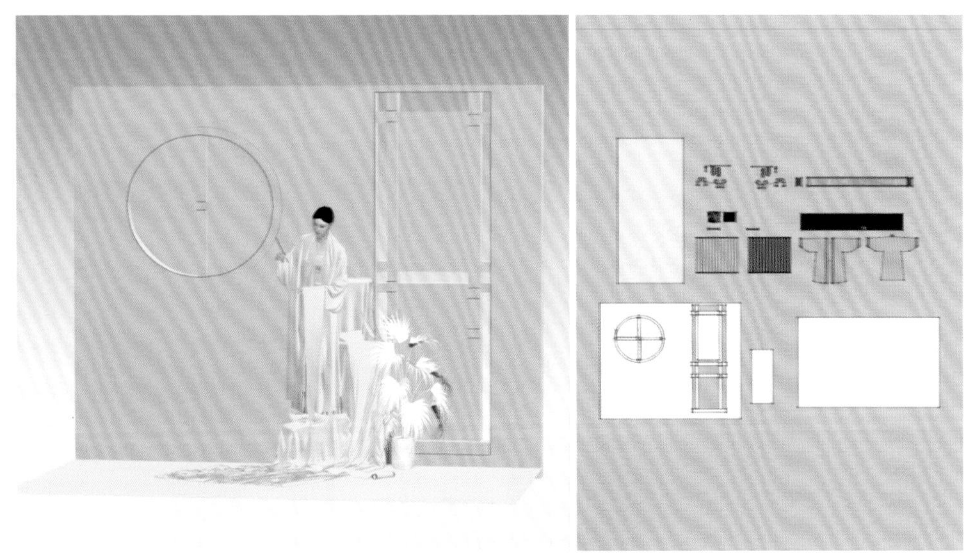

图 8-20　搭建场景的效果

二、道具

创建一个矩形板片，将板片移动到虚拟模特的手部上方并冷冻。再创建一个等宽的矩形，并将两个矩形的宽边缝合，将矩形面料的弯曲强度调高，使面料的质感看起来更像纸的质感，降低粒子间距，增加板片的渲染厚度，开启模拟将板片的形态调整到最舒服的状态即可。为了方便后续的贴图，可以将板片按照不同纹理切割开。

导入提前下载好的道具文件并以附件的形式导入 CLO3D 系统。在 3D 窗口中使用定位球将附件移动到虚拟模特手中，如图 8-21 所示。

图 8-21 导入并调整道具

第三节 渲染

一、材质

选中绿植，在属性栏中将颜色改为绿色并将材质类型改为 Fabric_Shiny；将花盆颜色更改为浅驼色；将藤编的花盆做成哑光的，所以不需要更改材质类型。

按照个人喜好将服装、鞋子、书卷、衬布、背景和地面布自由配色，衬布的透明度可以适当降低，让画面更有层次，如图 8-22 所示。

图 8-22 更换物体材质

二、贴图

使用贴图工具将处理好的图片贴在板片上，使用编辑贴图工具调整贴图的位置、方向和大小，如图 8-23 所示。

图 8-23　增加贴图

三、渲染

图片设置：将图片尺寸设置为 A4，删除图片背景纹理，不需要更改背景颜色；将图片的保存路径设置为常用的文件夹。

灯光设置：点开环境图后方的四宫格，打开提前准备好的 HDR 环境图；将天棚灯的“显示”打开，将环境图的实景显示在渲染窗口中，如图 8-24 所示；将灯光的角度调整到最合适的位置，如果觉得实景灯光效果不够理想，可以增加几个补光灯。

相机设置：打开相机设置，调整相机镜头的视野、视图方向等参数，使场景达到最佳的效果，如图 8-25 所示。

打开最终渲染，等待渲染完成，即可得到一张高清的渲染图片，如图 8-26 所示。

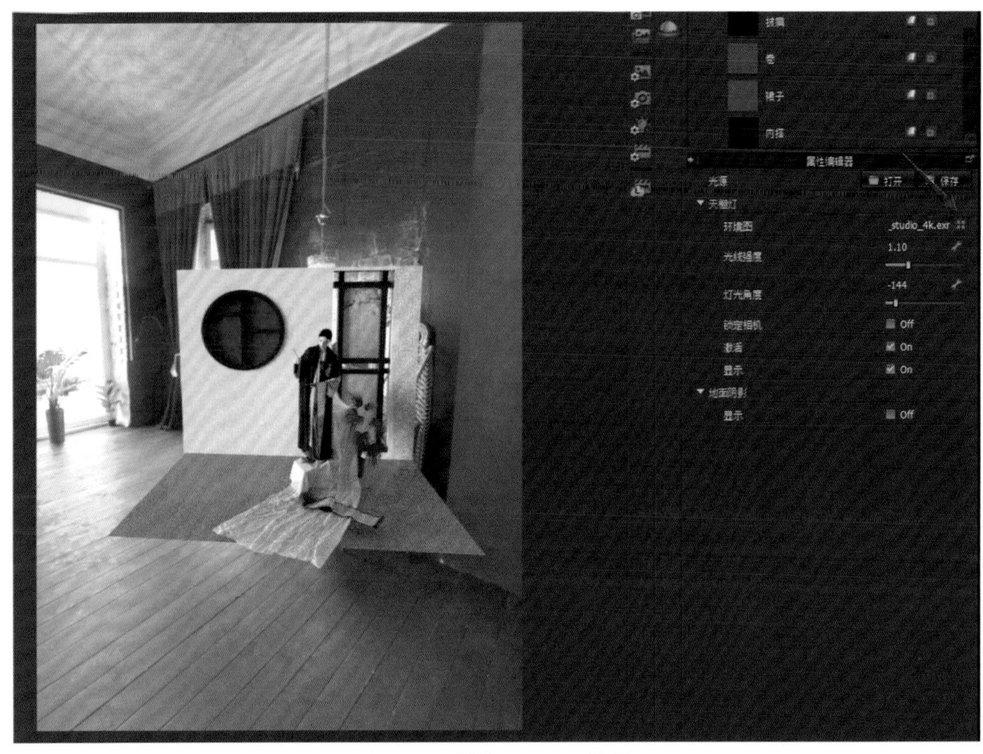

图 8-24　增加 HDR 环境图

图 8-25　设置相机属性

图 8-26　最终渲染效果

第九章　制作帽子

第一节　建模

一、第一阶段：导入虚拟模特

打开 Avatar 文件夹，选择合适的模特双击加载虚拟模特，如图 9-1 所示。

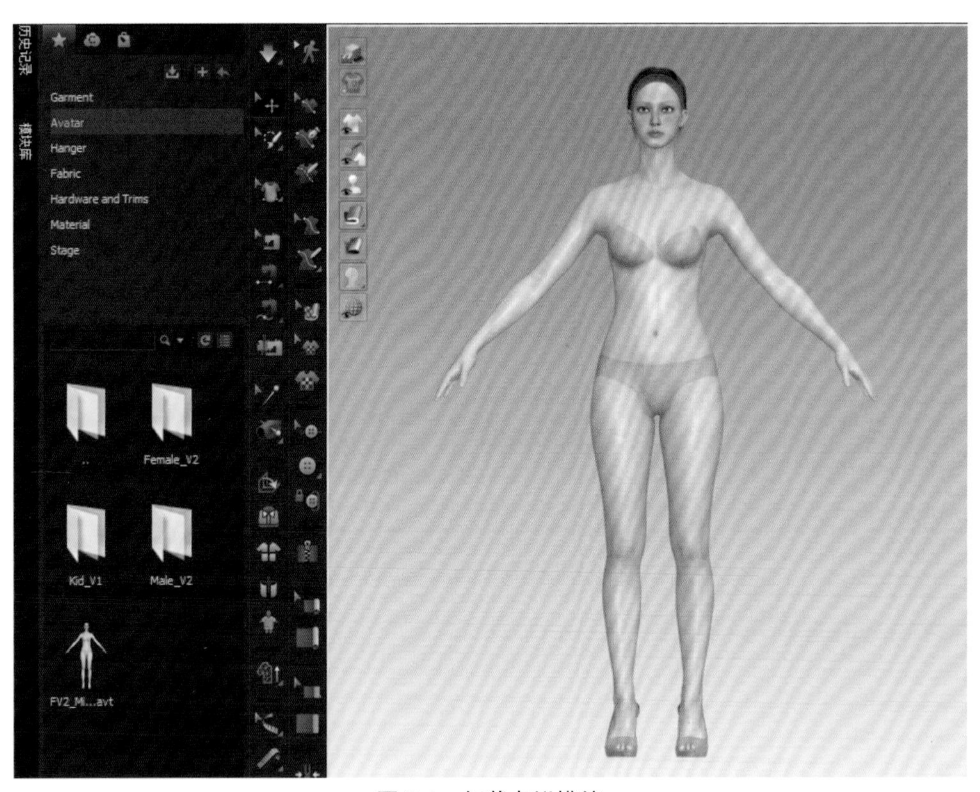

图 9-1　加载虚拟模特

二、第二阶段：板片制作

（一）制作帽檐的板片

如图 9-2 所示，制作帽檐板片的步骤如下。第一步：使用创建圆形工具创建一个直径为

57 cm 的圆形。第二步：使用板片编辑工具框选圆形的板片外线，将鼠标拖动到选中的边上，单击鼠标右键调出板片菜单栏，选择“板片外线扩张”，将扩张间距更改为 7 cm。第三步：使用勾勒轮廓工具双击内部圆，选中所有基础线，单击鼠标右键调出菜单栏，选择“切断”，然后将分割出来的内部圆删除。

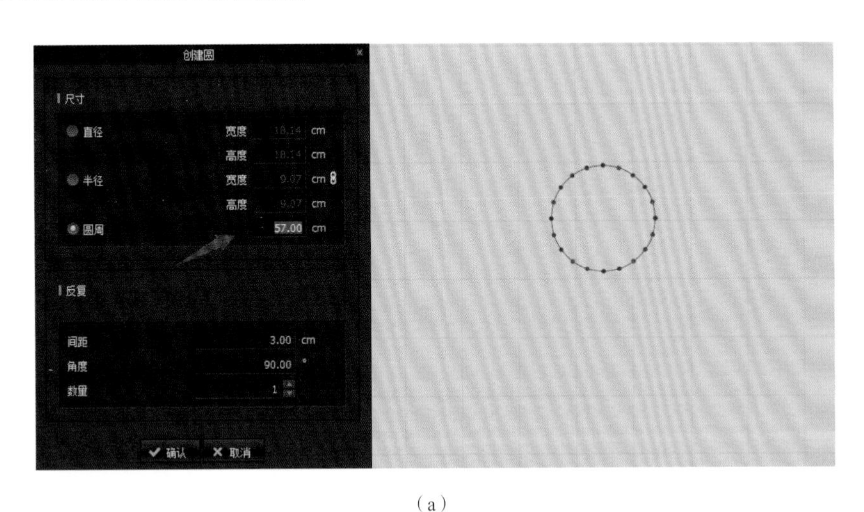

(a)

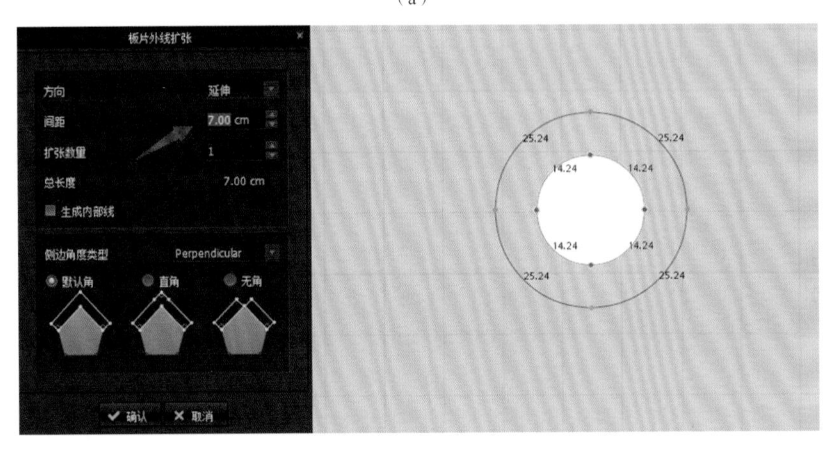

(b)

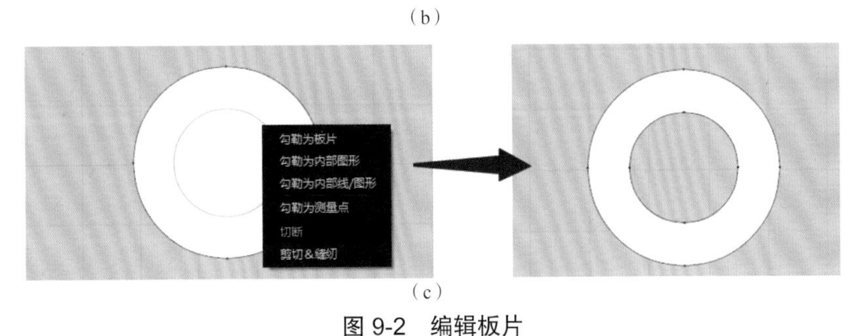

(c)

图 9-2　编辑板片

(a)第一步　(b)第二步　(c)第三步

（二）制作帽冠的板片

第一步：使用创建矩形工具创建一个高 12 cm 宽 28.5 cm 的矩形，选中一条 12 cm 的边，在选中的边上右击鼠标调出菜单栏，选择“对称展开编辑”，使用板片编辑工具将矩形调整为梯形，如图 9-3 所示。

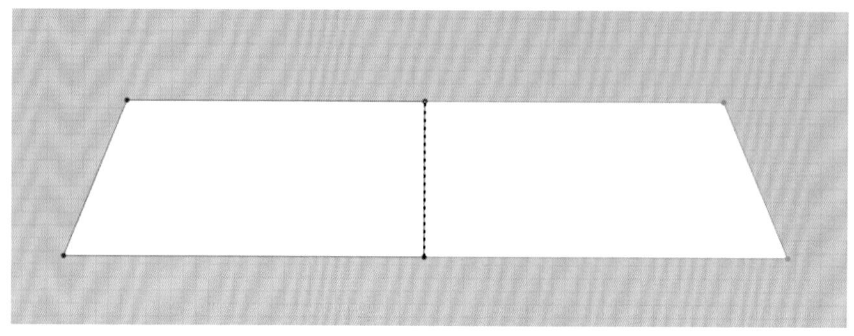

图 9-3　创建帽冠板片

第二步：框选中线并向下移动，使用编辑圆弧工具将板片调整为扇形（这一步主要是为了使长和宽的交叉处尽量垂直），如图 9-4 所示。

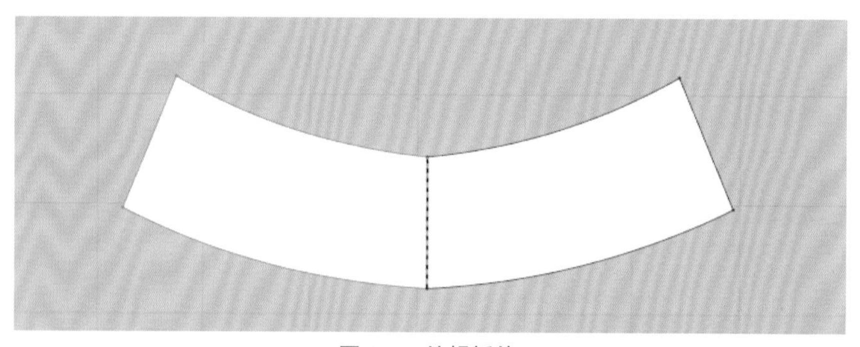

图 9-4　编辑板片

第三步：在矩形的顶边上添加两个点，将线段分为四段；将中点和两个顶点向下移动，得到一条圆顺的曲线，如图 9-5 所示。

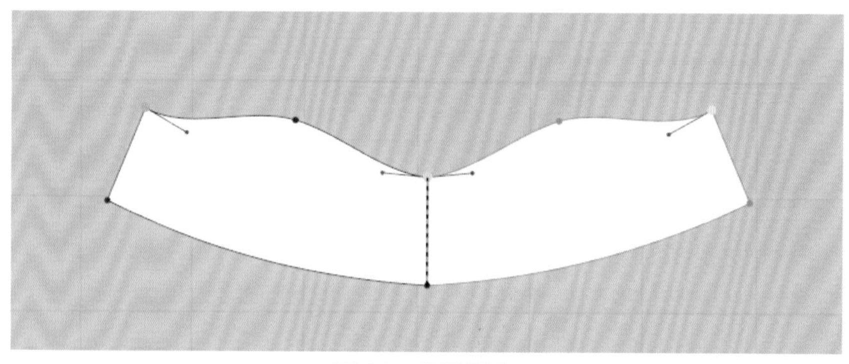

图 9-5　调整弧度

第四步：选中矩形顶部的曲线边，并在属性栏里查看曲线的总长度，使用创建圆形工具，创建一个椭圆形，椭圆的周长等于顶点边的总长度，如图 9-6 所示。

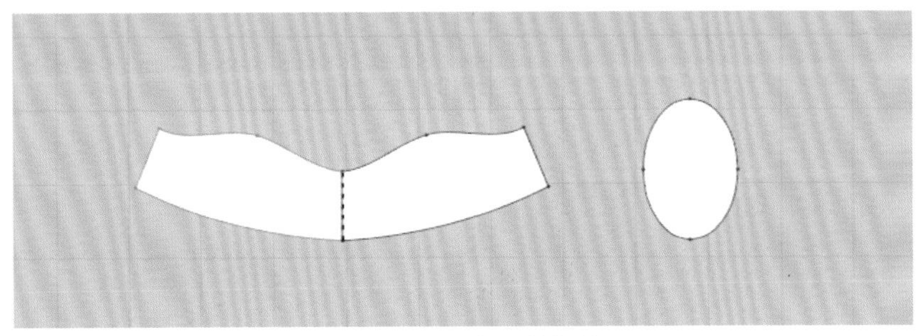

图 9-6　创建帽顶的板片

三、第三阶段：模拟板片

（一）安排板片

使用定位球将板片安排到虚拟模特头部附近，如图 9-7 所示。

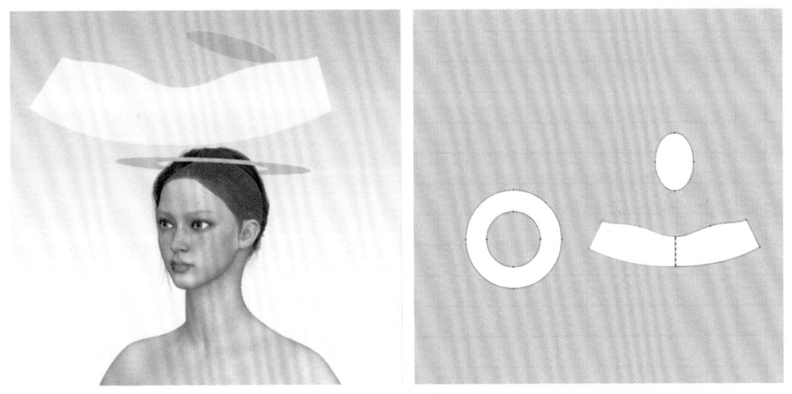

图 9-7　安排板片

（二）缝纫板片

使用自由缝纫工具将对应的边缝合，如图 9-8 所示。

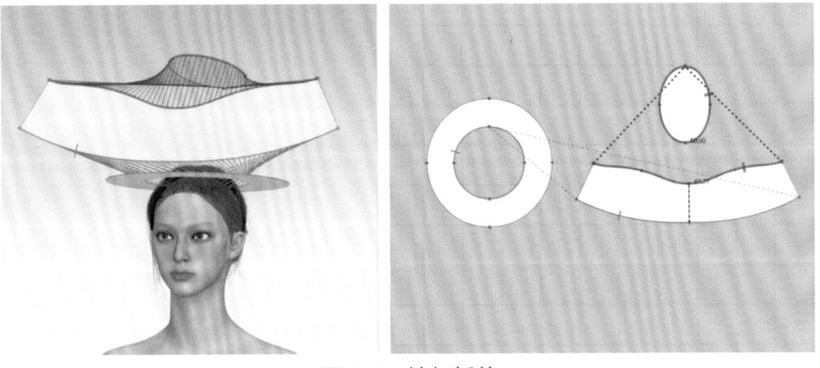

图 9-8　缝纫板片

（三）模拟板片

在 3D 窗口中右击鼠标，打开模拟属性设置，将模拟重力改为 0，这样在模拟时板片可以不受重力影响。选中帽檐并冷冻捷键快【Ctrl+K】，然后在物体窗口中双击面料，在面料的属性栏中将面料的物理属性预设为“Trim_Full_Grain_Leather”（这种面料比较硬挺），最后将板片的粒子间距改为 5，开启模拟，如图 9-9 所示。

图 9-9 模拟板片

> 小贴士：
> 如果开启模拟后，发现结果不是想要的效果，且无论怎么调整缝纫线边的夹角都无法成锐角，导致该问题的是缝纫线的角度设置不正确。选中需要调整的缝纫线，将角度调整至最佳状态，如图 9-10 所示。

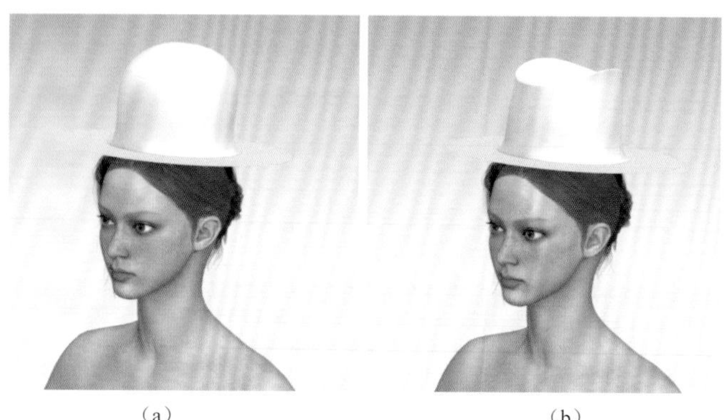

（a） （b）

图 9-10 调整缝纫线角度的效果

（a）缝纫线角度 180° （b）缝纫线角度 0°

（四）调整造型

将帽冠冷冻，使用假缝工具将帽檐两端暂时固定到帽冠上并开启模拟，待模拟稳定后先暂停模拟将假缝针删除，最后再开启模拟。注意：开启模拟后应迅速按住【暂停】键，因为需要得到帽檐下落的那一瞬间的弧度，如图 9-11 所示。

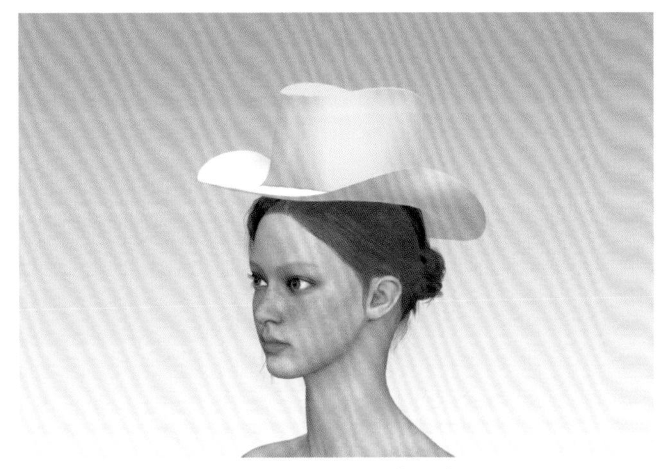

图 9-11　调整好的造型效果

四、第四阶段：增加细节

（一）增加厚度

选择帽檐板片的外圈圆形，将鼠标拖到这条边上，右击调出菜单栏，选择“内部线间距”，将间距设置为 1 cm；使用勾勒轮廓工具选择内部线和外圈圆形，右击将内部图形勾勒为板片，将勾勒出来的板片与帽檐缝合；最后选中所有板片将板片的渲染厚度设置为 2，如图 9-12 所示。

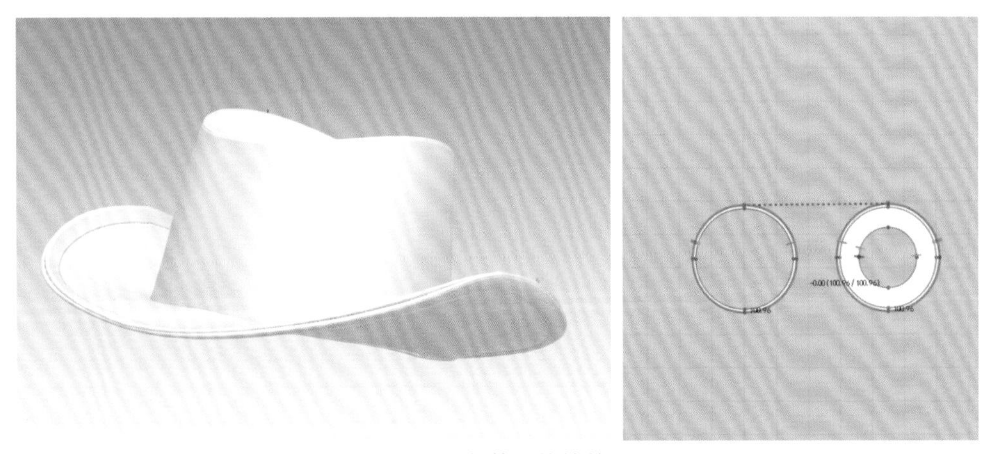

图 9-12　帽檐边缘的效果

（二）制作帽带

为了使做好的造型在模拟时不变形，应将所有板片先冷冻住。使用创建矩形工具创建一个长 57 cm、宽 16 cm 的矩形，可以根据审美需要，使用加点工具和调整板片工具增加剪口进行装饰。将制作好的矩形安排在帽冠附近，缝合板片并模拟，最后给帽带增加渲染厚度使其看起来更真实；将弯曲率调小，使帽带的边缘不要过度圆润，如图9-13所示。

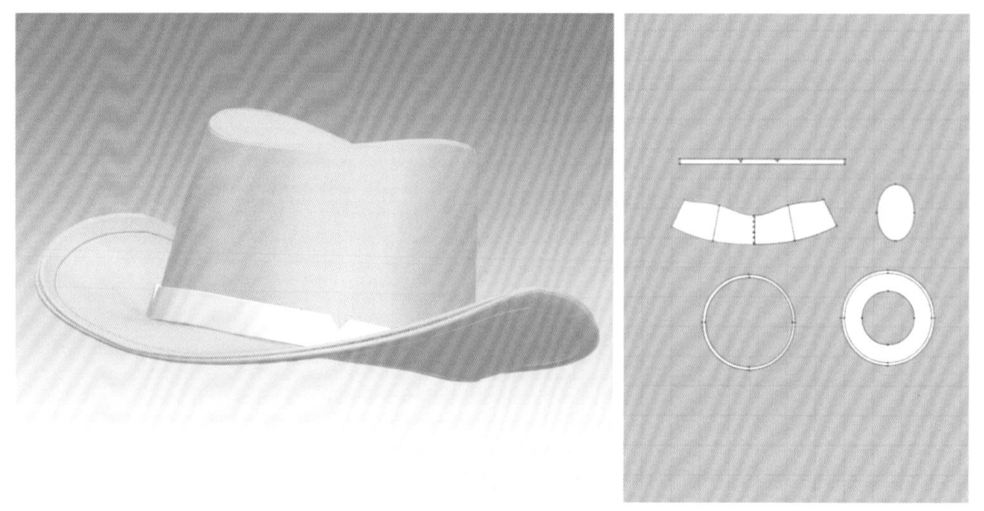

图9-13 增加帽带的效果

小贴士：

在模拟帽带时，可能会出现板片往上滑动的现象，这个时候可以检查帽带的长度。调整帽带的长度后，可以配合使用固定针和假缝工具将帽带固定在帽冠上。

（三）制作宝石装饰

使用创建圆形工具，创建形状各异的图形（需要制作的宝石是什么形状就创建什么形状的板片，也可以使用这个方法制作一些简单的异型宝石），将创建的圆形板片的粒子间距调到3并设置不同的渲染厚度，可以根据3D窗口中的效果将边缘弯曲率适当调小（边缘弯曲率越大边缘越圆润，边缘弯曲率越小边缘越平整）。使用定位球将宝石移动到帽带附近，将它们排列组合装饰在帽带上，如图9-14所示。注意：制作宝石的整个过程中不需要开启模拟。

图9-14 增加装饰

(四)制作洞眼

使用创建内部圆形工具在帽檐和帽冠上创建内部圆形，洞眼多大内部圆形就创建多大，选中所有的内部圆形(在内部线上单击四下可以快速选择该板片上的所有内部线)将鼠标停留在任意内部线上，右击鼠标调出菜单栏，选择“转换为洞”，如图 9-15 所示。

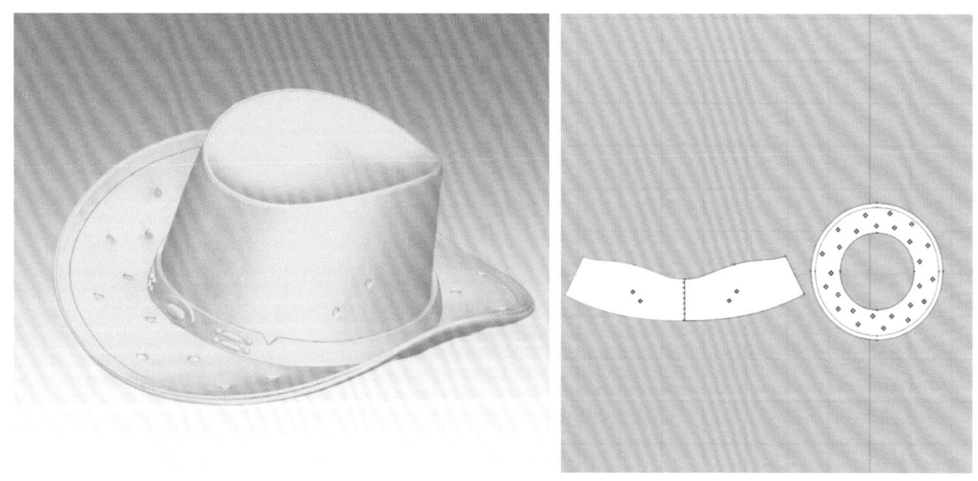

图 9-15　创建洞眼

(五)制作绑带

制作绑带有两种方法，在制作时可以根据实际情况选择不同的制作方式。

方法一：整段模拟。使用创建矩形工具创建一个矩形，宽度没有固定值可根据设计的需要设置。将绑带的粒子间距设置为 5，在绑带的两边加上固定针(快捷键【W】)，在开启模拟的状态下拖动固定针使其穿过孔洞，这种方法比较真实，但是不适合制作需要走秀的服装，因为在服装动起来的时候绑带很容易因为不稳定而散开，如图 9-16 所示。

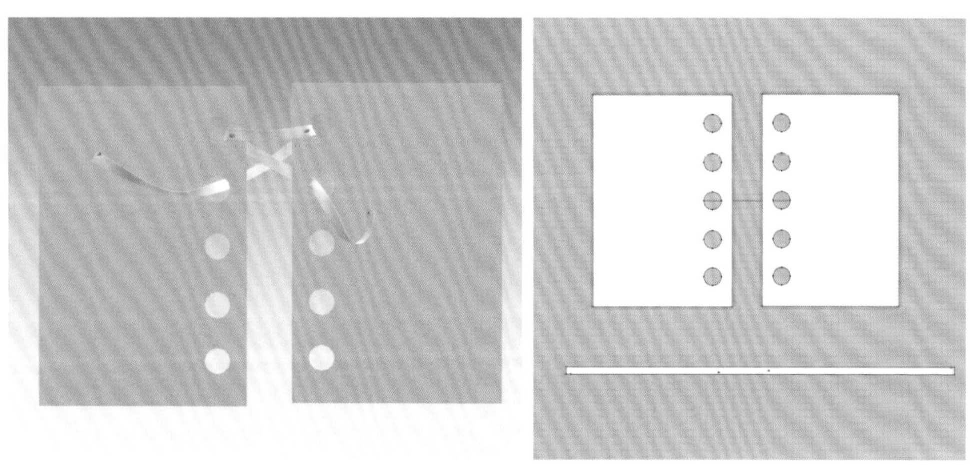

图 9-16　使用固定针整段模拟

小贴士：

在制作穿孔的交叉绑带时，可以多使用固定针，每穿好一个孔洞就打上一个固定针，以免制作过程中不稳定导致绑带散开。绑带的长度不需太长，不然在穿孔时很费力，可以在制作过程中一点点增加板片的长度。

方法二：分段模拟。使用创建矩形工具创建多个矩形，将矩形按照绑带交叉的轨迹缝合在孔洞上，调小粒子间距并开启模拟。需要注意缝纫线的方向是否正确，以免造成板片扭在一起。用这种方法做的绑带更稳固，制作走秀的服装时可以使用这种方法，如图9-17所示。

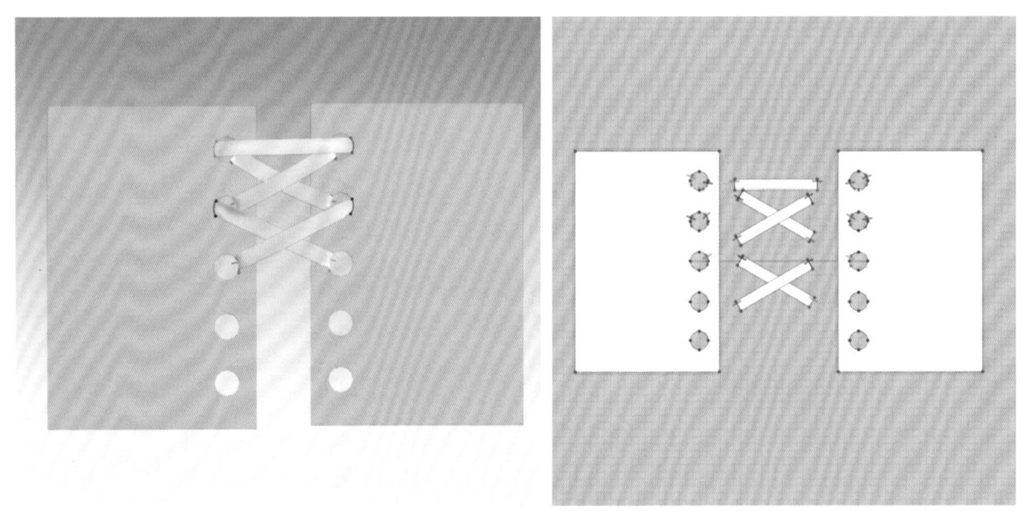

图9-17　分段缝纫模拟

本章制作帽子绑带的方法是方法二。完成后，将所有板片冷冻，依次将绑带板片缝合到帽檐的洞眼上，如图9-18所示。

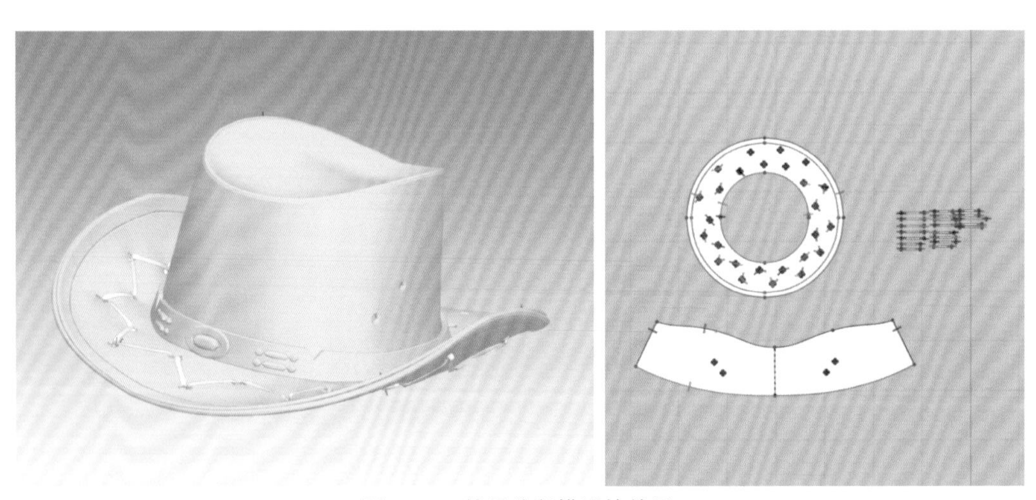

图9-18　使用分段模拟的效果

（六）制作金属气眼

在3D窗口中选择纽扣工具，在3D板片上点击任意位置即可添加纽扣，需要制作几个气眼就增加几个纽扣。然后在物体窗口找到纽扣双击，在纽扣的属性栏中点击图形右侧的小三角，选择需要的形状。最后在属性栏中调整纽扣的规格。

将纽扣的材质类型更改为“Metal”，该材质为金属材质，可以通过调整金属材质的反射强度、表面粗糙度、金属度得到不同的金属质感。之后在3D窗口中使用定位球将金属气眼移动到合适位置，如图9-19所示。注意：在金属气眼的整个制作过程中，不需要开启模拟。

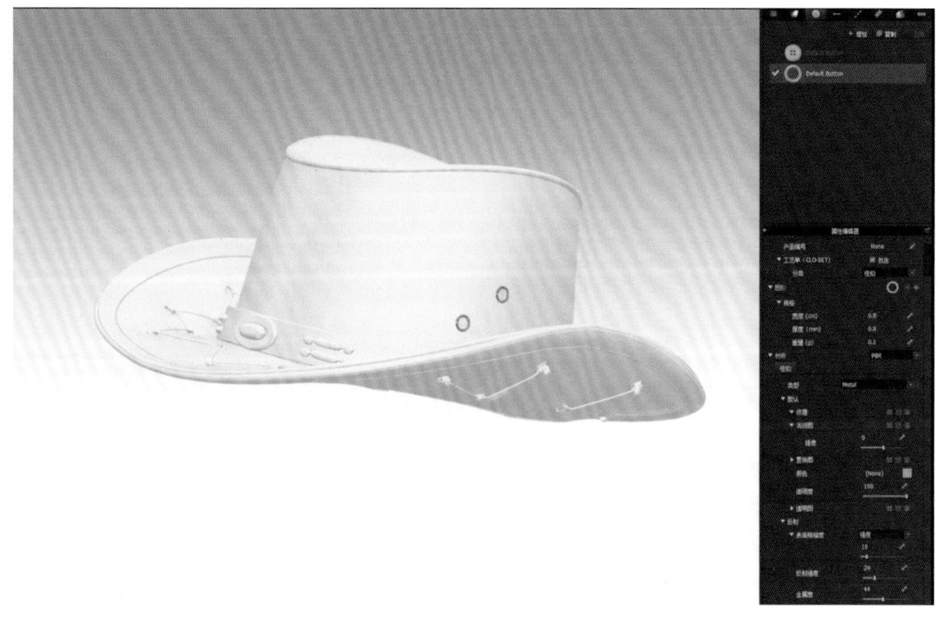

图9-19　增加金属装饰

（七）制作调节绳

使用创建矩形工具创建一个矩形，长和宽根据要求自由设置。本案例中，矩形长50 cm，宽0.2 cm，首先使用固定针将矩形的两端固定到帽冠内部，然后将帽绳中段部分取两点用假缝针固定，最后导入OBJ格式的调节扣文件（导入类型可以是附件也可以是虚拟模特），使用定位球将调节扣移动到合适位置即可，如图9-20所示。调节扣的OBJ素材可以在CLO3D的官方网站上下载。

第二节　渲染

一、第一阶段：材质

在图库窗口“Fabric”文件夹里找到“Leather_Lambskin”，并双击加载到物体窗口，这是一款皮革面料，自带皮革纹理和法线贴图。在物体窗口中双击这款面料，在属性栏中将面料的整体颜色更改为黑色，在材质设置里将“前面”切换为“侧面”，然后取消勾选“使用和前面相同的材质”，最后将侧面的颜色更改为灰色。这样就可以制作出皮革有切面的感觉。

选中帽带和绑带的板片，然后点击“Leather_Lambskin”面料后面的下载图标，即可将面料赋予板片，如图 9-21 所示。

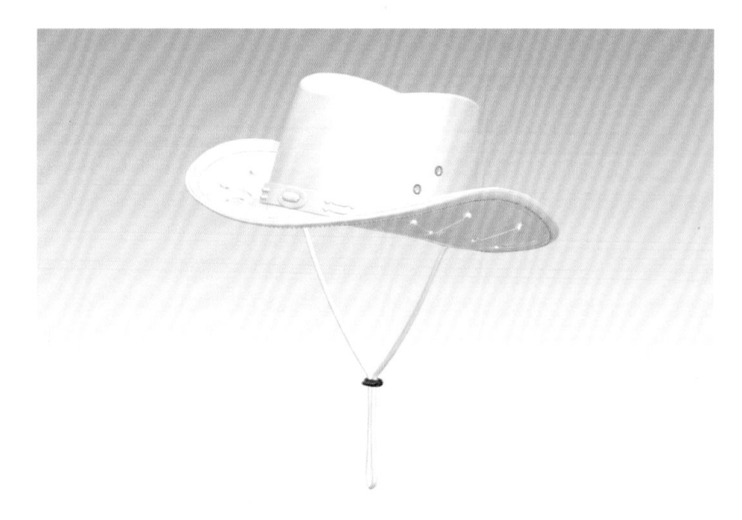

图 9-20 增加调节绳的效果

图 9-21 更改板片材质

在物体窗口中新建几个面料（需要几种材质就新建几款面料），将这些面料分别更改为不同的颜色，将材质更改为“Plastic”（塑料），将面料分别赋予到宝石的板片上，如图 9-22 所示。

小贴士：

由于 3D 窗口中的效果和最终的渲染窗口中的效果有偏差，部分材质在 3D 窗口中不支持显示，为避免来回更改浪费时间，可直接打开渲染窗口查看效果。

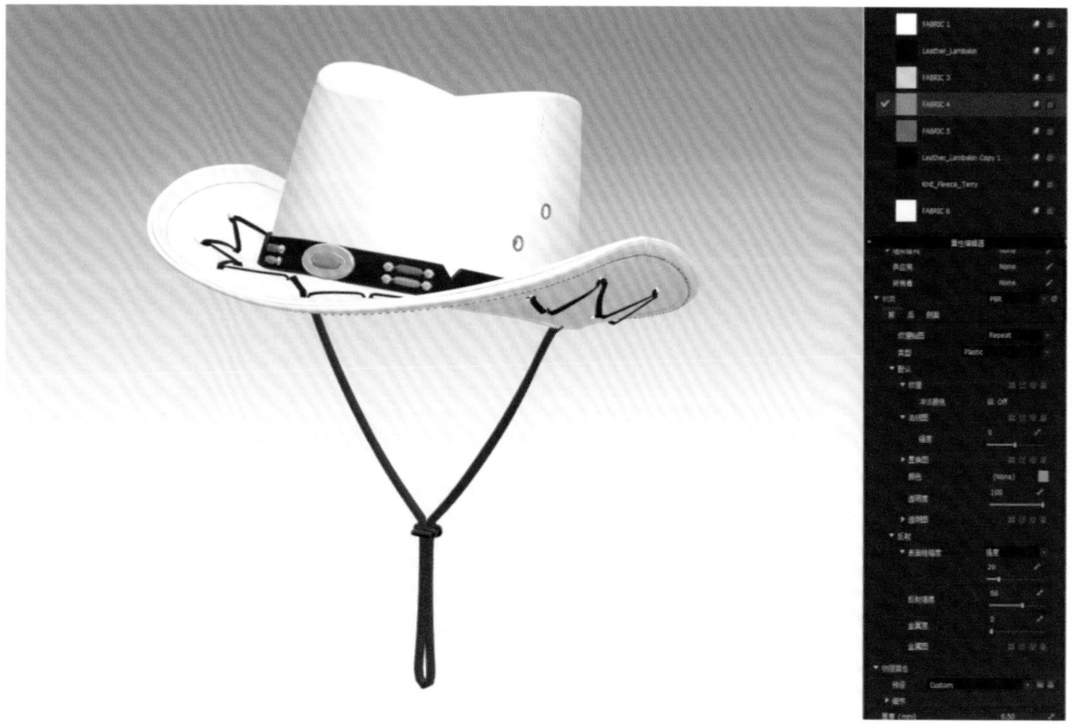

图 9-22　应用不同的材质

二、第二阶段:贴图

准备一张牛皮面料的纹理贴图(如果有实物面料可以扫描或拍一张清晰的照片),然后将图片导入 Photoshop 软件,将图片的颜色处理均匀,并将图片做成四方连续的图片并导出。将图片拖到 CLO3D 中的面料上,导入类型选择"纹理"。图片导入后,系统会自动生成一张法线贴图,可以根据渲染效果调整法线贴图的强度。最后使用编辑纹理工具在 2D 窗口中调整贴图的比例,如图 9-23 所示。

三、第三阶段:渲染

打开渲染窗口,在图片的属性设置中,将图片的尺寸设置为 A4,背景颜色和背景纹理可以根据需要自由调整,图片的保存路径最好提前预设好,这样渲染完成的照片就会自动保存到预设的文件夹中。首先打开灯光设置,点开环境图后方的四宫格图标,里面有一些系统自带的环境图(如果自己有实景的 HDR 灯光贴图也可以直接导入 CLO3D 中使用),这里选择的是"Light 7"。然后打开同步渲染查看灯光效果,调整光线的强度和灯光的角度,可以根据渲染效果增加一些补光灯。确定好渲染的效果后关闭同步渲染,将帽子调整到最合适的渲染角度。最后打开最终渲染,等待进度条达到 100% 即得到一张高清的渲染图,如图 9-24 所示。

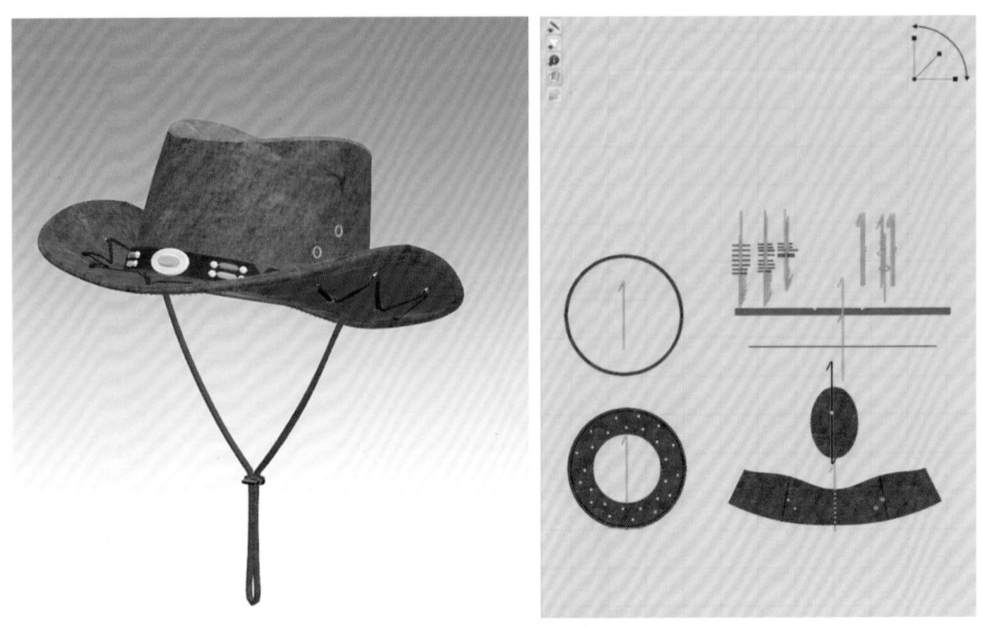

图 9-23 增加贴图

图 9-24 最终渲染效果

第十章　制作包包

第一节　建模

一、第一阶段：制作板片

（一）制作包身

首先，使用创建矩形工具创建一个长 13 cm、宽 14.5 cm 的矩形，使用生成圆顺曲线工具将矩形的四个角进行圆顺处理，使用编辑板片工具调整为合适的弧度（这个板片是皮包的侧面，可以根据包的设计样式自行调整形状）。其次，选中所有板片外线，在线上右击鼠标调出菜单栏，将内部线间距设置为 0.2，使用勾勒轮廓工具选中内部线和外部线，右击勾勒为板片。最后，框选所有板片复制并粘贴，如图 10-1 所示。

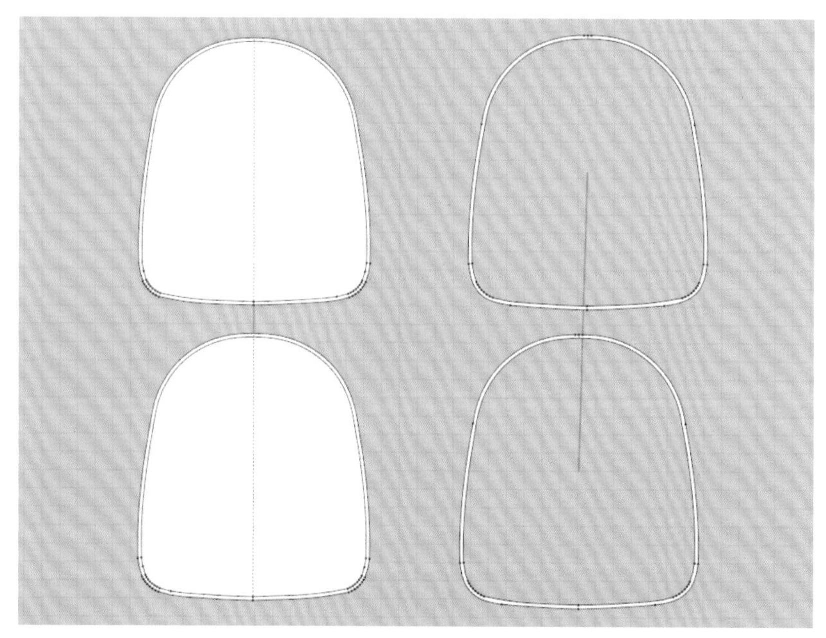

图 10-1　编辑板片

使用创建矩形工具创建一个矩形，矩形的长边为 26.5 cm，宽边的长度为侧面板片的长度除以 2。选中矩形的两条宽边，右击鼠标选择内部线间距，将扩张数量改为 2，间距改为单根，“#1”设置为 8.5 cm，“#2”设置为 1.5 cm，如图 10-2 所示。框选整个板片复制并粘贴（此板片为皮包的前片和后片）。

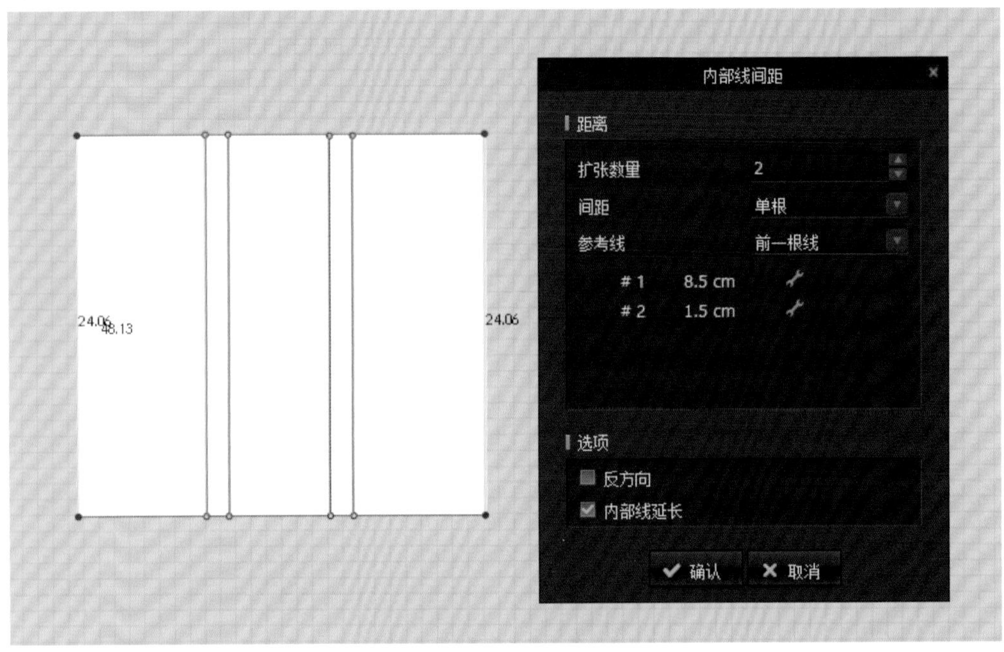

图 10-2 创建内部线

（二）制作手挽板片

使用创建矩形工具创建一个长 48 cm、宽 1.5 cm 的矩形，使用加点工具分别给板片的两端加四个点，点的间距为 1.25。使用创建矩形工具创建一个长 35 cm、宽 3.5 cm 的矩形，选中两条宽边，设置内部线间距为 5 cm，选中扩张的内部线，右击鼠标调出菜单栏选择“对齐到板片外线增加点”，使用加点工具在内部线和板片外线之间增加中点，选择这些中点并向内部移动，如图 10-3 所示。

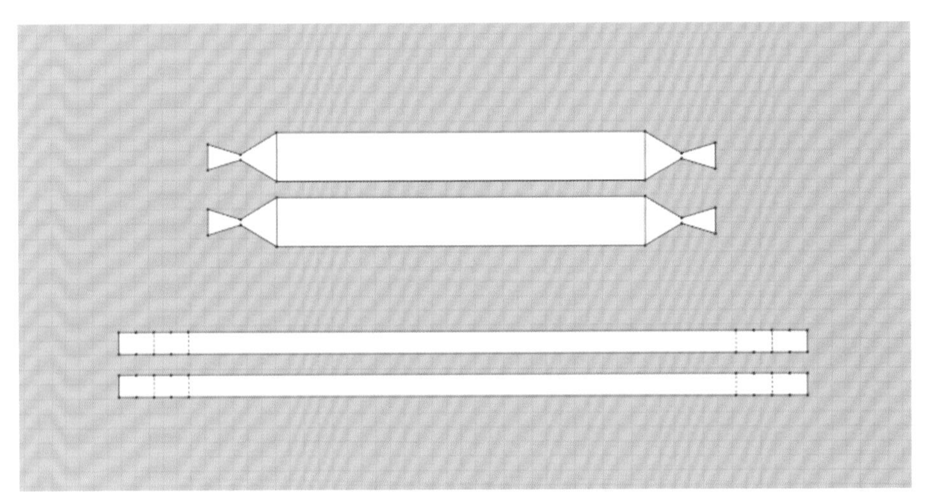

图 10-3 编辑板片

(三)制作吊饰板片

首先,使用创建矩形工具创建一个长 6 cm、宽 2 cm 的矩形,选中矩形的四条边设置内部线间距为 0.2 cm,选中两条宽边右击鼠标调出菜单栏,将“在线段之间生成内部线”的生成数量改为 2。然后,将矩形平均分为三组,测量其中一组的长度和宽度,使用创建内部矩形的工具,在皮包侧面的板片上创建等长等宽的内部线。最后,复制粘贴矩形和内部线,如图 10-4 所示。

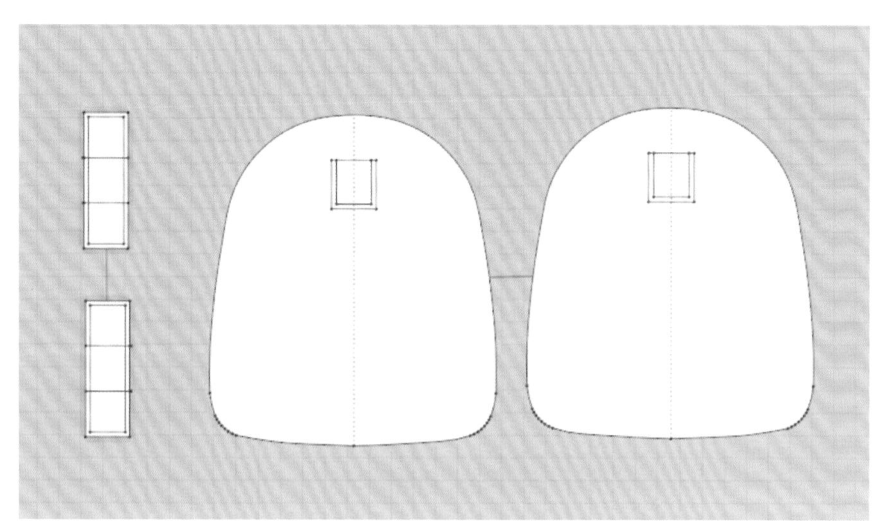

图 10-4　创建板片并用内部线确认缝合的位置

二、第二阶段:模拟板片

(一)安排板片

使用定位球将包身的板片在 3D 窗口中安排好,如图 10-5 所示。

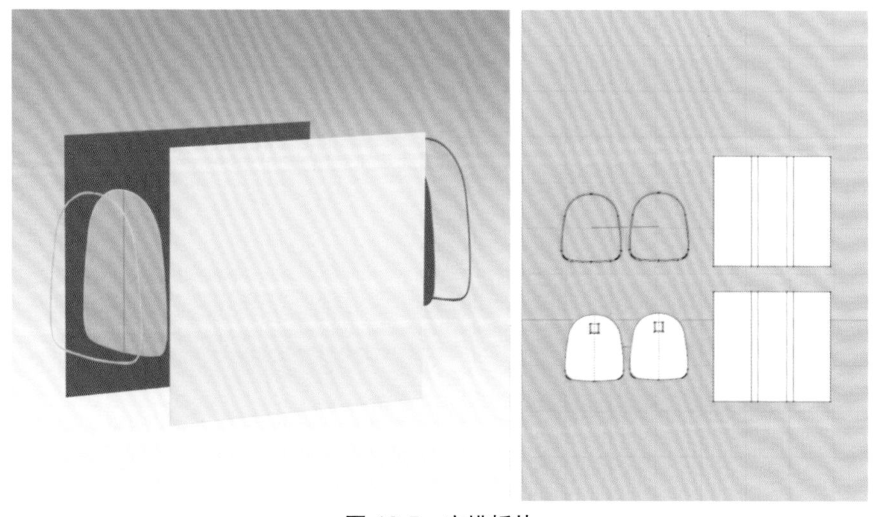

图 10-5　安排板片

（二）缝合板片

将对应的板片缝合在一起，需要注意缝合侧面时，需要留一些位置作为拉链的宽度，在3D窗口中使用拉链工具给皮包装上一个拉链。拉链工具的使用方法和自由缝纫工具的方法类似（单击开始，双击结束），要注意拉链的方向，如图10-6所示。

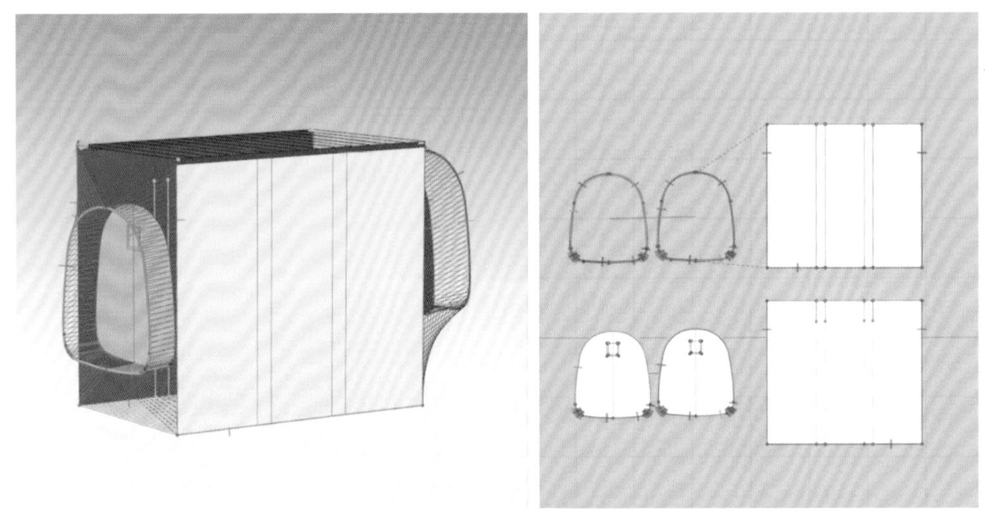

图 10-6　缝合板片

（三）模拟板片

开启模拟之前先将面料的物理属性调整一下，调大经纱、纬纱、对角线的弯曲强度，如图10-7所示，以使面料变得更硬，更不容易变形。开启模拟，这时候开启模拟可能会出现不稳定的情况，可以将板片硬化，让板片快速模拟稳定；然后降低板片的粒子间距，调整板片模拟的形态；最后将两个滚边的渲染厚度设置为3，如图10-8所示。

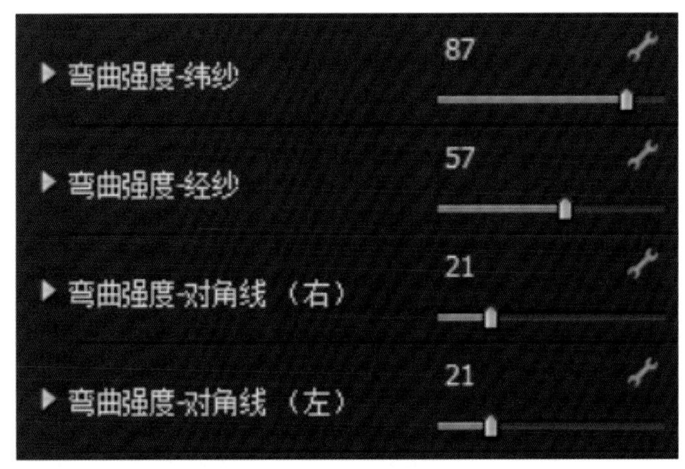

图 10-7　调整面料属性

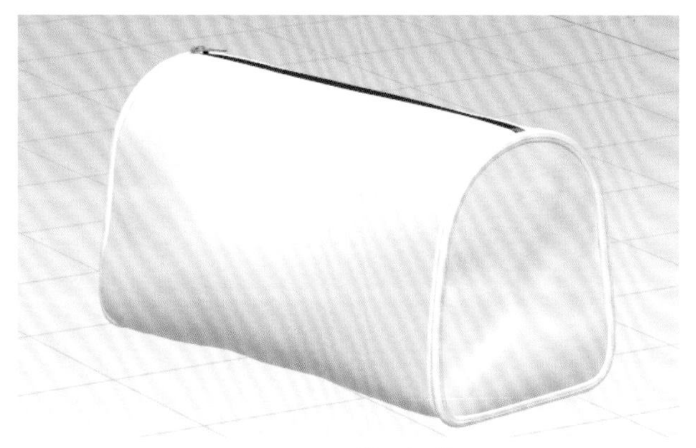

图 10-8　模拟板片

冷冻包身所有的板片，将 48 cm×1.5 cm 的矩形板片安排在包身附近，在 3D 窗口中使用折叠安排工具按照辅助线将板片翻折并缝纫，如图 10-9 所示。

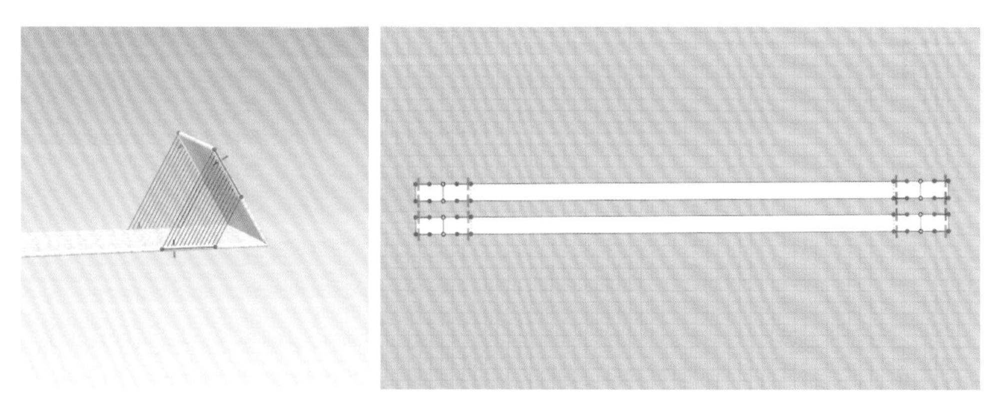

图 10-9　折叠安排

将 48 cm×1.5 cm 的板片与包身缝合到一起，如图 10-10 所示，在 3D 窗口中选中板片右击将板片“添加在上面”，将板片的层数设置为 1，降低板片的粒子间距，最后开启模拟等待模拟稳定。

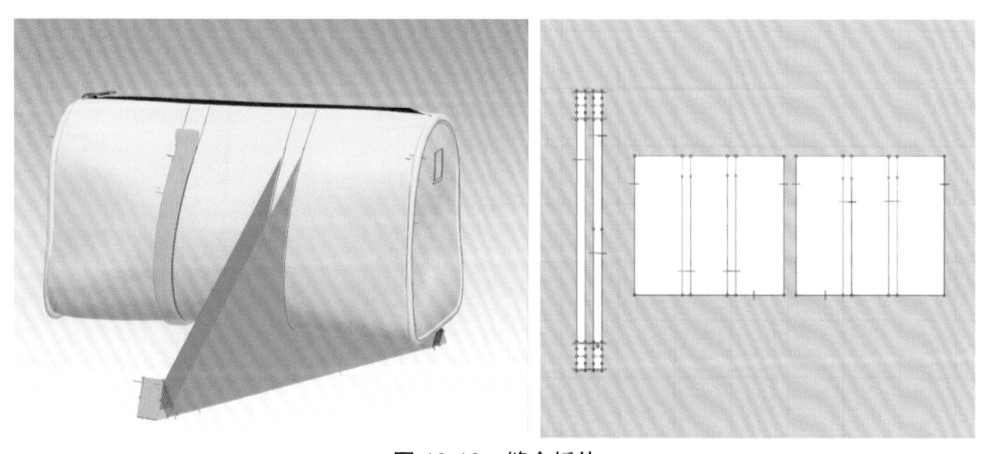

图 10-10　缝合板片

将金属扣以虚拟模特的格式导入，并使用定位球移动到如图 10-11 所示的位置上，开启模拟直至板片与金属扣模拟稳定。

图 10-11 导入金属扣

将手挽的板片按照图 10-12 的方式缝合，硬化板片并开启模拟，等待模拟稳定；使用固定针将板片固定到金属扣上，并使板片套在金属环上，等待模拟稳定；调整好手挽的造型后将板片冷冻，如图 10-13 所示。

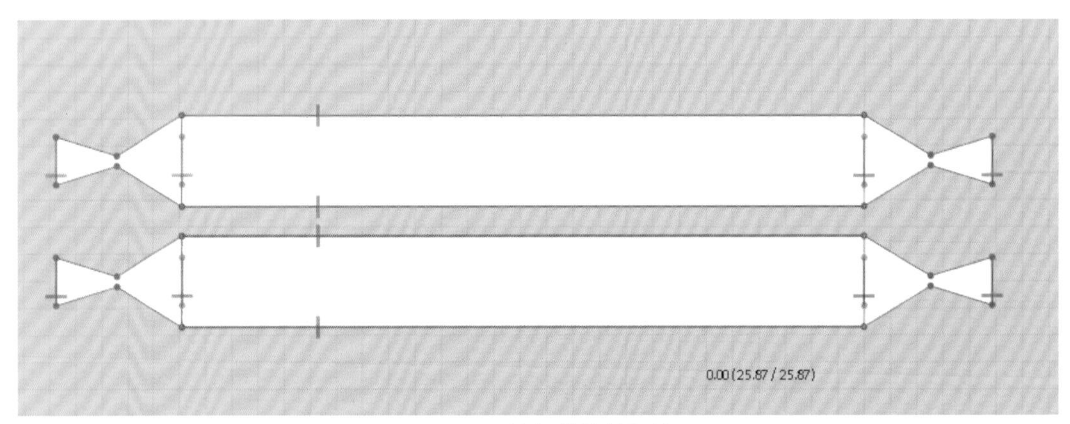

图 10-12 手挽板片的缝纫关系

将吊饰板片安排在侧面板片上，使用折叠安排工具将板片折叠，将吊饰的板片与侧面板片的内部线缝合，如图 10-14 所示。

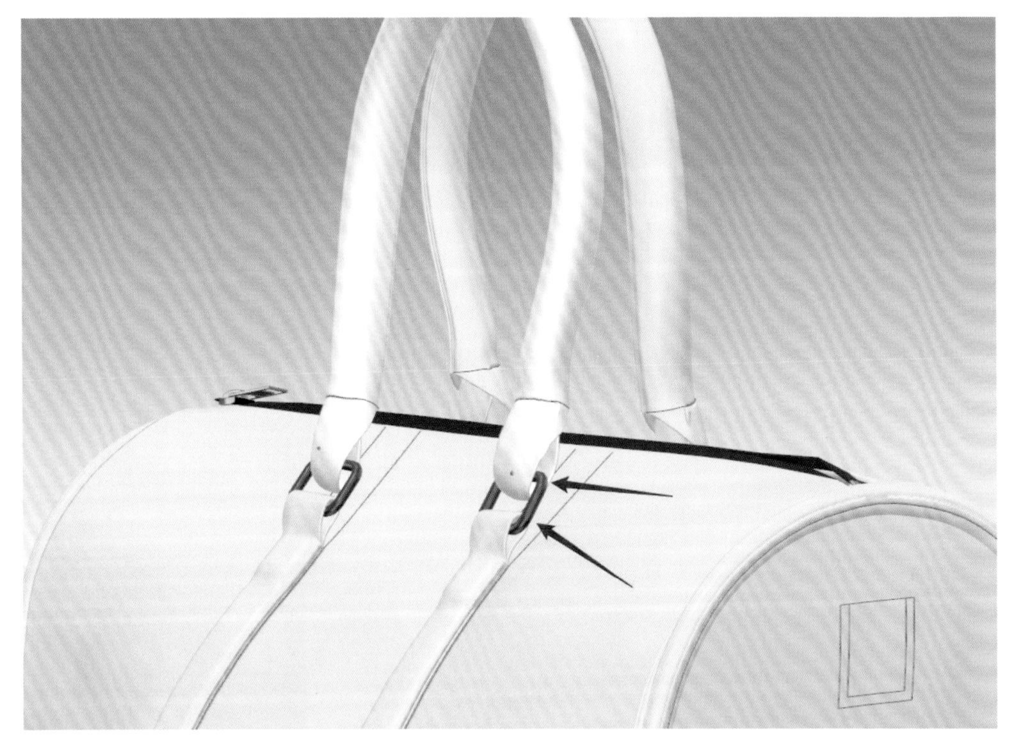

图 10-13　调整金属扣的位置

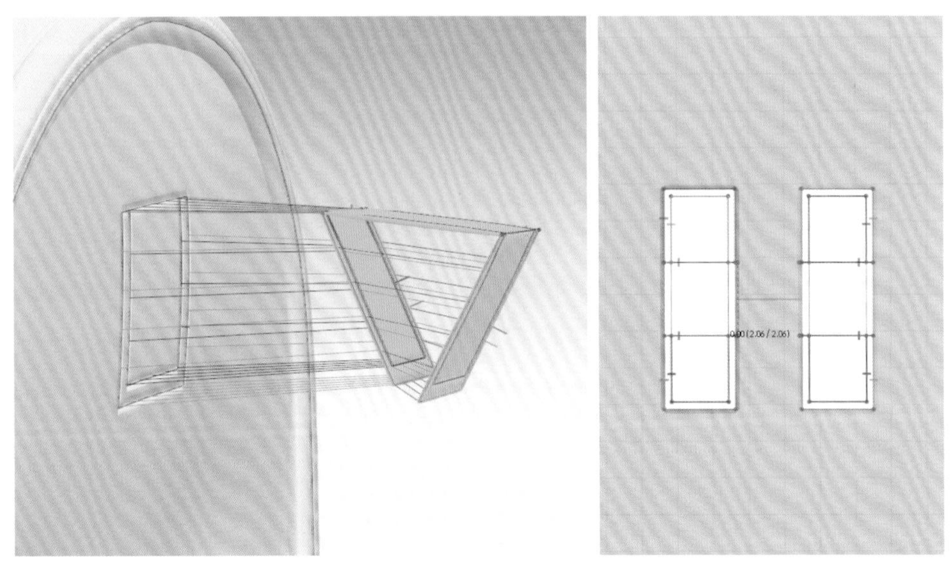

图 10-14　折叠安排板片

将层数设置为 1，降低板片的粒子间距，开启模拟等待板片模拟稳定。导入金属扣，导入类型为虚拟模特，使用定位球将金属扣移动到合适的位置，开启模拟使板片模拟稳定，如图 10-15 所示。

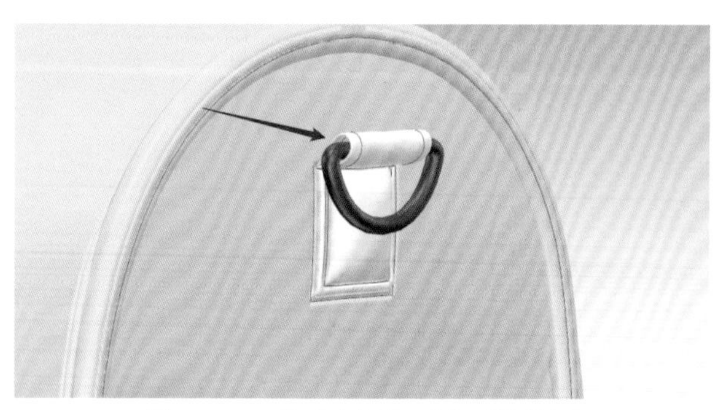

图 10-15 移动金属扣到合适的位置

使用添加纽扣工具，在板片上添加四粒纽扣；在物体窗口中双击纽扣，在属性栏中将纽扣的图形更改为如图 10-16 所示式样；设置纽扣的宽度和厚度，最后使用定位球将纽扣移动到合适的位置。

图 10-16 增加纽扣并调整属性

使用创建圆形工具创建一个直径为 38 cm 的圆形板片，将板片的渲染厚度设置为 200，取消勾选“边缘弯曲率设定”，最后使用定位球将板片移动到皮包下方，如图 10-17 所示。

第二节 渲染

一、第一阶段：材质与贴图

(一)材质

选择所有的金属扣将颜色改为深灰色，将材质类型改为“Metal”。可以根据渲染窗口中的效果调整金属材质的参数，如图 10-18 所示。

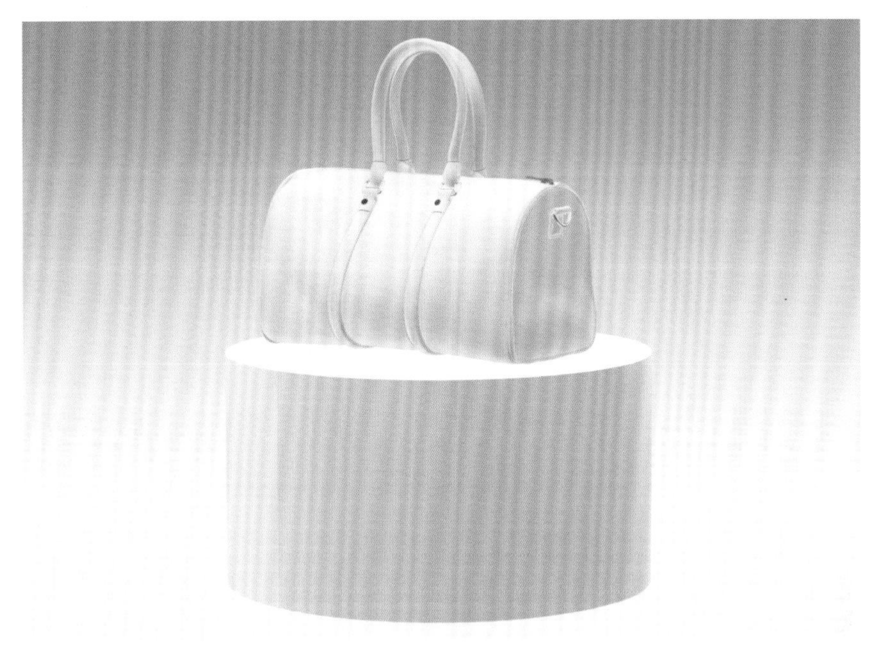

图 10-17　增加圆台效果

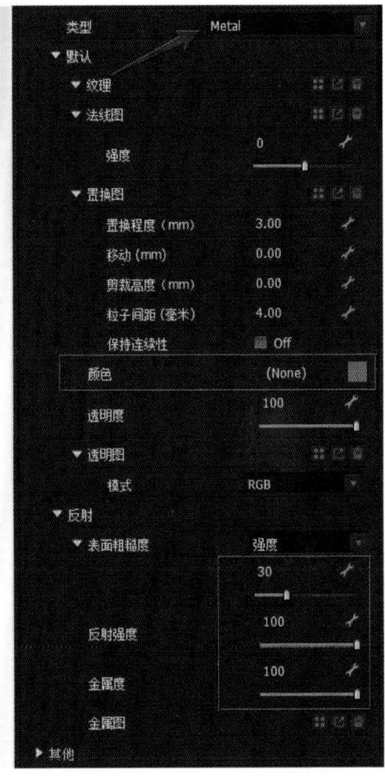

图 10-18　调整材质属性

在物体窗口中新建一个面料，在属性栏中将面料的类型更改为“Leather”，给面料增加一张皮革的法线贴图，将面料的颜色更改为黑色，调整面料的表面粗糙度和反射强度，最后将面料赋予到板片上，如图 10-19 所示。

在 3D 窗口中选择拉链布片，在属性栏中将颜色更改为深灰色；在 3D 窗口中选择金属拉链头，在属性栏中将颜色改成合适的颜色，将材质类型改为“Metal”，如图 10-20 所示。

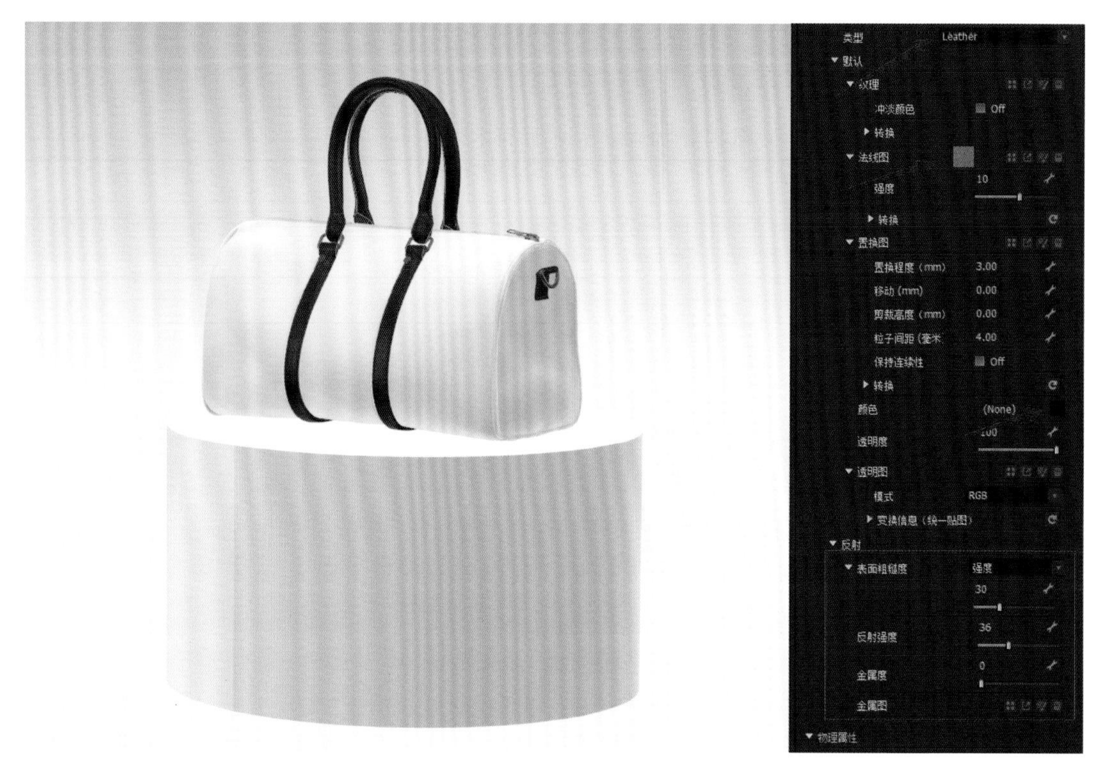

图 10-19　编辑材质

图 10-20　更改拉链头的材质

（二）贴图

准备一张纹理图片，将图片拖动到面料属性栏中的纹理栏中；使用编辑纹理工具，将面料的纹理调整为合适的大小和位置，如图 10-21 所示。

图 10-21　增加贴图

二、第二阶段：渲染设置

打开渲染窗口，在图片的属性设置中，将图片的尺寸设置为 A4，背景颜色和背景纹理可以根据自己的审美调整，设置图片的保存路径。首先打开灯光设置，点开环境图后方的四宫格图标，这里面有一些系统自带的灯光环境贴图，根据渲染窗口的实际渲染效果选择合适的灯光。然后打开同步渲染查看灯光的效果，调整光线的强度和灯光的角度，可以根据实时渲染效果增加一些补光灯。最后关闭同步渲染，将皮包调整到最合适的渲染角度，打开最终渲染，等待进度条达到 100% 即得到一张高清的渲染图，如图 10-22 所示。

图 10-22　最终渲染效果

参考文献

[1] 赵宏，曹明福 . 中国纺织类非物质文化遗产概论 [M]. 北京：中国纺织出版社，2015.

[2] 王文章 . 非物质文化遗产概论 [M]. 北京：教育科学出版社，2008.

[3] 周和平 . 文化强国战略 [M]. 北京：学习出版社，2013.

[4] 王式竹 . 苏绣的艺术特色及其在服装上的应用 [J]. 广西轻工业，2010，26（11）：87-88.

[5] 李頔，张竞琼，李向军 . 苏绣中的服饰品绣与画绣主要针法研究 [J]. 丝绸，2012，49（6）：50-54.

[6] 周瑜 . 粤绣之艺术价值及保护传承研究：以广绣为例 [D]. 广州：广东工业大学，2011.

[7] 刘昀庭，张红霞，贺荣，等 . 广绣艺术在纺织品设计中的传承应用 [J]. 丝绸，2015，52（3）：41-44.

[8] 乔熠，乔洪，张序贵 . 蜀绣传统技艺的特性研究 [J]. 丝绸，2015，52（1）：47-53.

[9] 刘肃 . 民间印染艺术 [J]. 消费导刊，2008（13）：209.

[10] 严艳 . 大理白族扎染的传统工艺与图案设计 [J]. 中央民族大学学报（自然科学版），2017，26（2）：61-64.

[11] 刘恩元 . 中国古代蜡染文化之研究 [J]. 中国历史博物馆馆刊，1998，31（2）：98-106.

[12] 尚红燕 . 蜡染艺术的文化内涵 [J]. 装饰，2004（2）：89-90.

[13] 吴元新，吴灵姝 . 传统夹缬的工艺特征 [J]. 南京艺术学院学报（美术与设计版），2011（4）：107-110.

[14] 武敏 . 唐代的夹版印花 夹缬：吐鲁番出土印花丝织物的再研究 [J]. 文物，1979（8）：40-49.

[15] 马鹏宇 . 薯莨染料增深染色及其仿香云纱染整新工艺研究 [D]. 杭州：浙江理工大学，2022.

[16] 穆慧玲 . 山东民间彩印花布的艺术特征 [J]. 艺术与设计（理论版），2013，2（7）：152-154.

[17] 李莉莎 . 社会生活的变迁与蒙古族服饰的演变 [J]. 内蒙古社会科学（汉文版），2010，31（2）：51-55.

[18] 刘佳 . 蒙古族服饰结构、工艺现状分析 [J]. 内蒙古师范大学学报（哲学社会科学版），2008，37（6）：91-93.

[19] 李桂淑 . 朝鲜族服饰的特征与审美内涵 [J]. 装饰，2006（6）：17.

[20] 朴仁实 . 中国朝鲜族传统服饰综述 [J]. 南宁职业技术学院学报，2010，15（2）：18-20.

[21] 关留珍 . 新疆锡伯族服饰研究 [J]. 新疆艺术学院学报，2005（1）：22-27，31.

[22] 徐彤君 . 锡伯族服饰女子服饰文化探究 [J]. 戏剧之家，2015，210（18）：239.

[23] 白世业，陶红，白洁 . 试论回族的服饰文化 [J]. 回族研究，2000（1）：35-36.
[24] 金鹏 . 试论宁夏回族服饰的纹样和款式艺术 [J]. 大众文艺，2016，387（9）：119-120.
[25] 孙晓光 . 藻井图案刺绣团扇 [J]. 上海纺织科技，2023，51（2）：92.
[26] 张秀文，马凯 . 基于 SD 和 CLO3D 软件的刺绣纹理虚拟表现研究 [J]. 北京服装学院学报（自然科学版），2022，42（3）：44-50.
[27] 向靖雯 . 基于文化 IP 视阈下非遗汉绣服饰设计研究 [D]. 武汉：武汉纺织大学，2022.
[28] 魏嘉敏，张康夫 . 苏绣元素在“盖娅传说”品牌服装中的应用 [J]. 美术教育研究，2022（24）：95-99.
[29] 刘芳 . 浅析草木染的发展与现状 [J]. 美术教育研究，2016（20）：22.
[30] 林芳璐 . 云南白族扎染工艺的可传承性设计研究 [D]. 北京：中央美术学院，2016.
[31] 连曼彤，吴惟曦，王妮，等 . 楚风遗韵 [J]. 服饰导刊，2022，11（05）：142.
[32] 王璐璐，王军，伞文，等 . 数字化服装设计的发展与技术创新研究 [J]. 山东纺织科技，2016，57（5）：35-38.
[33] 姚彤，白晓帆，伞文，等 . 基于 CLO3D 平台的数字化服装设计 [J]. 山东纺织科技，2017，58（2）：41-44.
[34] 宋俊华，王明月 . 我国非物质文化遗产数字化保护的现状与问题分析 [J]. 文化遗产，2015，39（6）：1-9，157.
[35] 黄永林，谈国新 . 中国非物质文化遗产数字化保护与开发研究 [J]. 华中师范大学学报（人文社会科学版），2012，51（2）：49-55.
[36] 卓么措 . 非物质文化遗产数字化保护研究 [J]. 实验室研究与探索，2013，32（8）：225-227，248.
[37] 覃萍，梁培林 . 数字技术与民族传统文化融合问题的再审视：民族传统文化的现代化研究之二 [J]. 改革与战略，2005（5）：105-107.
[38] 宋俊华 . 关于非物质文化遗产数字化保护的几点思考 [J]. 文化遗产，2015，35（2）：1-8，157.